枸杞不同种质的 nrDNA ITS 序列分析研究

石志刚　郭文林　门惠芹　主编

中国林业出版社

图书在版编目(CIP)数据

枸杞不同种质的 nrDNA ITS 序列分析研究 / 石志刚,郭文林,门惠芹主编. —北京:中国林业出版社,2012.9

ISBN 978 - 7 - 5038 - 6735 - 4

Ⅰ. ①枸…　Ⅱ. ①石… ②郭… ③门…　Ⅲ. ①枸杞 - 种质资源 - 研究　Ⅳ. ①S567. 102. 4

中国版本图书馆 CIP 数据核字(2012)第 213315 号

出版:中国林业出版社(100009　北京西城区刘海胡同 7 号)

E-mail:pubbooks@ 126. com　**电话**:010 - 83283569

发行:新华书店北京发行所

印刷:北京中科印刷有限公司

版次:2012 年 9 月第 1 版第 1 次

开本:880mm × 1230mm　1/32

印张:3. 25

字数:78 千字

定价:16. 00 元

《枸杞不同种质的 nrDNA ITS 序列分析研究》

编写委员会

主　编：石志刚　　郭文林　　门惠芹

副主编：李云翔　　曹有龙　　安　巍

执笔人：石志刚　　门惠芹　　李云翔　　巫鹏举　　李彦龙

　　　　张曦燕　　焦恩宁　　王亚军　　赵建华　　罗　青

　　　　郭文林　　刘兰英　　戴国礼

　　资助：《枸杞不同种质的 nrDNA ITS 序列分析研究》由宁夏农林科学院国家枸杞工程技术研究中心主持编写，并得到了中国林业科学研究院和全国枸杞科研、教学和生产单位的大力支持。项目内容获得国家自然基金"宁夏枸杞种质资源遗传多样性及主要种间亲缘关系研究（31040087）"和国家科技支撑计划项目"枸杞优良品种选育及规范化种植技术研究与示范（2009BAI72B01）"等项目的资助。

前　　言

在进行植物分子系统学研究过程中，选择进化速率适宜的基因或 DNA 片段对于系统发育关系的推断十分重要。由于植物细胞核核糖体内转录间隔区（nrDNA ITS）进化速率较快，可以提供较丰富的信息位点，目前已被广泛应用于研究被子植物近缘属间、种间、种内等分类阶元的系统发育关系。枸杞不同种质的 nrDNA ITS 序列分析研究尚属空白，而且利用枸杞的 nrDNA ITS 序列分析从 DNA 序列水平探讨枸杞属的系统地位，进行遗传多样性分析，有利于发现和利用各种基因和基因型资源，为枸杞品种改良、新品种定向培育的亲本选择、提高杂种优势的预测和利用效率等育种实践以及枸杞种质资源生物多样性的保存提供理论参考依据，因此有必要进行深入的探讨。

本书以 nrDNA ITS 序列为研究对象，依托国内唯一的枸杞种质资源圃和在长期开展枸杞新品种选育获得的育种材料的基础上，选取枸杞属 7 种 3 变种、宁夏枸杞地方品种、杂交群体、航天诱变群体、倍性群体中选择 44 份代表性单株的 ITS 区全序列进行了测定，并选取 Atropa belladonna, Jaborosa integrifolia, Nolana arenicola I. M. Johnst. 作为外类群，通过系统发育分析，得出结论如下：

1. 通过引物设计、PCR、克隆、测序、序列的同源性比对及聚类分析，得到了中国境内分布枸杞属 7 种 3 变种共计 44 份不同枸杞种质的 ITS 序列，并进行了相应的系统发育分析。

2. ITS 序列分析可以较好的支持传统的依形态特征对中国境内分布枸杞属不同种的划分，整个 ITS 序列长度变异范围为 603bp – 632bp，整个转录间隔区（ITS1 十 ITS2）对位排列后总长度为 480bp，共有 192 个变异位点，变异位点分别为 103 和 89 个，占 40%；保守位点 288，占 60.0%；有 43 个信息位点，占 9%，105 个转换位点，58 个颠换位点，其中 ITS1 区的信息位点所占比例略高于 ITS2 区，而 ITS2 区的转换/颠换比值高于 ITS1 区。每个分支内部均获得了高于 90% 的自展支持率，可以较为准确的确定不同种间的亲缘关系。

3. 基于 ITS 序列分析，初步认为中国境内分布枸杞属不同种与美国境内分布枸杞属种质形成各自独特的起源和分布中心。

4. 基于 ITS 序列差异划分黑果枸杞与其它种属于不同分支，与其依果实颜色形态进行的属内类群的划分基本一致，而且采自不同地域（青海省、宁夏中宁、宁夏银川）的黑果枸杞聚在一起，说明 ITS 对于不同种的划分是有效的，受地域的影响较小。

5. 基于 ITS 序列差异，认为将黄果枸杞划分为宁夏枸杞的变种和北方枸杞划分为中国枸杞的变种值得商榷，认为它们之间基于 ITS 序列差异分析，应该提升到种这一分类阶梯，而不是变种。

6. 宁夏枸杞（*Lycium barbarum*）种内不同种质植物中，整个 ITS 序列长度变异范围为 559bp – 634bp，整个转录间隔区（ITS1 十 ITS2）对位排列后总长度为 480bp，共有 194 个变异位点，变异位点分别为 134 和 60 个，占 40.4%；保守位点 286，占 59.6%；有 27 个信息位点，占 5.6%，67 个转换位点，33 个颠换位点，其中 ITS1 区的信息位点所占比例高于 ITS2 区，而 ITS2 区的转换/颠换比值高于 ITS1 区。依据 ITS 序列差异对枸杞属宁夏枸杞种下类群的划分，可以较好的支持依形态进行的种内类群的划分。研究表明，宁杞 1 号是从传统宁夏枸杞种大麻叶优系中选优得来得到 ITS 序列特征的证明。

7. 依据 ITS 序列差异能够准确的判明种间杂交种真伪的鉴别。

8. 依据 ITS 序列差异能够准确的判明宁夏枸杞种内杂交种真伪的鉴别。

9. 依据 ITS 序列差异能够准确的判明航天突变体是否在 DNA 水平发生了变异。

目　录

1 概　　述

枸杞在植物分类系统属于茄科（Solanaceae）、茄族（Solaneae Reichb.）、枸杞亚族（Lyciinae Wettst）枸杞属（*Lycium* L.）。该属是一个经济意义较大的类群，约80种，是一个世界分布属。多数种分布南北美洲，以南美洲的种类最为丰富，南美洲30种，北美洲的西南部21种，南非17种，欧亚大陆约10余种，形成以美国亚利桑那州和阿根廷为主的两个分布中心。

枸杞属多年生落叶灌木，人工栽培经修剪呈小乔木，通常有棘刺或稀无刺。单叶互生或因侧枝极度缩短而数枚簇生，条状圆柱形或扁平，全缘，有叶柄或近于无柄。花通常雌雄同体，具备完全花，花有梗，单生于叶腋或簇生于极度缩短的侧枝上；花萼钟状，具不等大的2~5萼齿或裂片，有花蕾中镊合状排列，花后不甚增大，宿存；花冠漏斗状、稀筒状或近钟状，檐部5裂或稀4裂，裂片在花蕾中覆瓦状排列；雄蕊5，着生于花冠的中部或中部之下，伸出或不伸出于花冠，花丝基部稍上处有一圈绒毛到无毛，花药长椭圆形，药室平行，纵缝裂开；子房2室，花柱丝状，柱头2浅裂，胚珠多数或少数。浆果，具肉质的果皮。种子多数或由于不发育仅有少数，扁平，种皮骨质，密布网纹状凹穴。枸杞喜阳，抗寒冷、抗干旱、耐盐碱、耐沙荒，野生分布较广，多生于常山平泽、丘陵陂岸之地。

中国为枸杞的主要起源中心，我国境内野生自然分布有7种3变种，其中宁夏枸杞（*Lycium barbarum* L.）遍布西北各地。迄今为止，尽管枸杞属植物遍布全世界，但唯有宁夏枸杞作为一种经济植物资源被人类利用并进行大规模栽培，为中国独有，药食价值最高，利用历史久远，已长达两千多年。据有关资料，该种于 1740 ~ 1743 年间从中国引入法国，之后陆续引种至地中海沿岸和俄罗斯等国家。宁夏枸杞从东汉的《神农本草经》列为本经上品后，历代医书均对其"益精明目，滋肝补肾，强筋健骨，延年益寿"的功效有详尽记述，现代临床医学验证了枸杞确实具有抗氧化、抗肿瘤、软化血管、降脂、降糖、生精、保肝、明目、增强人体免疫力的疗效、可明显地起到抗疲劳和延缓衰老的作用。我国历次版本的药典都明确规定："入药枸杞子为宁夏枸杞的干燥果实。"近几年来，全国枸杞种植面积迅速增加，截至 2011 年 12 月底，全国种植面积已达 170 万亩*，年产枸杞干果 15 万 t(其中宁夏分别占 51.2% 和 66.6%；宁夏面积 87 万亩，年产枸杞干果 10 万 t)，初步形成了以种植业为基础的产业链。

1.1　植物分子系统生物学的研究进展

　　人们对周围赖以生存的各种植物的认识及其系统发育的研究，是随着研究手段、实验方法及技术的不断提高而逐步深入的。从《诗经》《神农本草经》《本草纲目》《植物名实图考》等鸿篇巨著中，便可以看到我们的祖先对植物及其经济、药用价值和系统关系的认识历程。瑞典博物学家林奈根据植物花部形态特征建立了"性系统"。

　　英国科学家达尔文的《物种起源》提出了生物进化的学说，植物遗传学规律的发现与应用，用染色体的形态和数目进行系统学研究，植物大量次生代谢产物的分离与结构鉴定及其系统学意义的探讨，所有这些均表明植物系统学研究不断得到升华。而 20 世纪 50 年代

---

　　*　1 亩 ≈ 667m^2。

DNA 分子双螺旋结构的发现，以及 PCR（polymerase chain reaction）技术的建立，使迅速地进行 DNA 序列的大量测定并应用于分子系统学的研究成为可能。结合形态学、解剖学、细胞学、遗传学等学科的研究成果，从 DNA 分子水平揭示植物系统演化关系，使植物系统学研究进入了一个新的时代。

现代分子生物学技术的迅速发展，为系统与进化植物学研究提供了丰富而翔实的资料，为解决分类学、系统发育、物种形成与进化等方面的难题提供了极为有力的技术途径（汪小全，洪德元，1997；Soltis & Soltis，1993）。植物分子系统学研究的基本方法之一是对植物的一定 DNA 序列进行同源性比较，构建系统树，以此探讨它们的系统演化关系。基于目前现有的系列资料，常用于系统学研究的基因片段有：叶绿体基因组的 mat K、rbcL、ndhA、ndhD 基因等[1]；核基因有核糖体 DNA 18S、26S 基因及 ITS 区等片段。叶绿体 rbcL 基因片段常用于属间及科级以上分类群研究，mat K 基因一般用于属间甚至种间关系的系统学研究。

尽管叶绿体基因载有重要的系统发育信息，但叶绿体基因一般为单亲遗传，在植物分子系统学研究中，如遇解决网状进化一类问题时，确有其局限性；而且叶绿体 DNA（cpDNA）的进化速率远低于核基因组（Wolfe et al.，1987），这就限制了其在低级分类阶元（如属、亚属）的应用，尤其是对于关系非常密切及近期才发生分化的分类群，cpDNA 就无能为力了，这样，基于 cpDNA 的系统发育关系研究就往往不能反映物种间的进化方向，无法解决高等植物中广泛存在的杂交和多倍化现象（Ainouche & Bayer，1997）。

而双亲遗传的核基因，则显示了独到的优势，核基因组中进化较快的 DNA 片段，尤其是 18S、26S 核 rRNA 基因的内转录间隔区（internal transcribed spacer，ITS）最近发展成为系统与进化植物学研究中的重要分子标记（Ainouche & Bayer，1997；Kollipara et al.，

1997；Baldwin et al.，1995；Hsiao et al.，1994）。相信随着植物基因组全序列测定工作的不断深入，可用于植物系统学研究的基因片段会越来越多，使植物系统学研究的结果更为全面。

20 世纪 90 年代以来，随着分子生物学的发展与完善，DNA – PCR 直接测序法的诞生，极大地推动了 ITS 在植物系统发育和遗传改良中的应用。目前已广泛应用于遗传研究的诸多领域，包括物种的分类和进化、遗传多样性的分析、品种指纹图谱的构建、杂交种纯度的鉴定、遗传图谱构建、重要基因的定位、分子辅助育种等多个方面。

1.2　18S – 26S rRNA 基因的基本结构

高等植物中的 rRNA 基因（ rDNA）是高度重复的串联序列单位，18S、5.8S 和 26SrDNA 联结在一起，作为一个转录单位，而 5S rDNA 则位于另外的位点（关于 5S rDNA 的进化可参阅 Sast ri et al.，1992 的综述）。18S ~ 26S rDNA 在植物中有一至数个位点（Badaeva et al.，1996；Wendel et al.，1995；Jiang & Gill，1994；Rogers & Bendich，1987），拷贝数可达 500 ~ 40000（Rogers & Bendich，1987），基本结构如图 1-1 所示，由 18S rDNA、26S rDNA、5.8S rDNA 和位于三者之间的基因内转录间隔区（ITS）组成，其中 ITS 区由被 5.8S rDNA 所分隔的 ITS1 和 ITS2 两个片段组成。ITS1、ITS2 的转录产物在 rRNA 加工过程中被切掉，但这两个片段在 rRNA 成熟过程中具有重要作用。

ITS 之所以成为被子植物系统与进化研究中的重要分子标记，主要基于以下三个方面原因。第一，作为 18S226S rDNA 的一个组成部分，ITS 在核基因组中是高度重复的，而且通过不等交换和基因转换，这些重复单位间已发生了位点内或位点间的同步进化（concerted evolution）（Elder & Turner，1995），即不同 ITS 拷贝间的序列趋于相

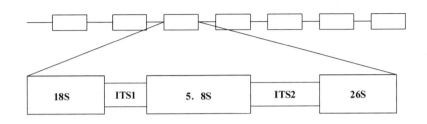

图 1-1　植物 18S～26S rDNA 的基本结构：（仿 Wendel et al. , 1995）

Fig. 1 The structure of　18S～26S rDNA　in plants

近或完全一致，这就为对 PCR 扩增产物直接测序奠定了理论基础（Ainouche & Bayer，1997；Hsiao et al. ，1994）；第二，DNA 测序工作的难易程度及成本与 DNA 片段长度有密切关系，裸子植物 ITS 区的长度变化范围很大（汪小全，洪德元，1997），而被子植物的 ITS 区长度则比较稳定，包括 5.8S rDNA 在内，总长度只有 600～700 bp，为测序带来了很大方便。同时，ITS1、ITS2 分别位于 18S、5.8S rDNA、5.8S、26S rDNA 之间，而 18S、5.8S、26S rDNA 的序列又非常保守，这样就可以用与它们序列互补的通用引物对 ITS 区进行 PCR 扩增、测序（Ainouche & Bayer，1997；Hsiao et al. ，1994）。第三，从系统发育重建的观点出发，最重要的是这一基因家族通过不等交换和基因转变，经历了快速的一致进化[21]。这种特性促使重复单位和基因组内的一致性，甚至在一些情况下非同源染色的 rDNA 基因位点也是如此[22]。这个特性可促使根据 ITS 序列对种间关系进行精确重建。因此，对混合的 PCR 扩增产物直接测序便可以获得有用的系统发育信息。一致进化和有性重组可促使杂交居群内 rDNA 的一致性。由此降低了在系统发育中居群内取样的重要性，不会因为取样的不均而得到不稳定的结果。第四，ITS 区的核苷酸序列具有一定的变异性，这种变异多数来自点突变，只有相对少数的位点是由于插入或缺失产生的。

因此 ITS 区包含了丰富的信息位点用于进行系统发育分析。由于其变异较快，ITS 不适用于较高分类单元的系统学研究，而适用于科以内分类阶元的系统发育分析[28]。

1.3　ITS 区序列在被子植物系统与进化研究中的应用

ITS 区序列在科、亚科、族内的系统发育与分类问题研究方面具有重要作用(Francisco Ortega et al.，1997；Downie & Katz Downie，1996；Campbell et al.，1995；Susanna et al.，1995；Hsiao et al.，1995a，1995b，1994；Suh et al.，1993)。被子植物核 rDNA 的 ITS 区包括 5.8S rDNA 在内的总长度为 600 ~ 700 bp，其中 5.8S rDNA 的长度非常保守，提供的系统学信息有限。至于 ITS1 与 ITS2 的相对长度，不同类群间变化较大，在杨柳科(Salixcaceae)、毛茛科(Ranunculaceae)、十字花科(Brassicaceae)、虎耳草科(Saxif ragaceae)、锦葵科(Malvaceae)、花忍科(Polemoniaceae)、安息香科(Styracaceae)、柳叶菜科(Onagraceae)、五福花科(Adoxaceae)、菊科(Asteraceae)、Canellaceae 和 Winteraceae 等科中，ITS1 比 ITS2 长(汪小全，洪德元，1997；Francisco Ortega et al.，1997；Baldwind et al.，1995)，而在桦木科(Betulaceae)、玄参科(Scrophulariaceae)、葫芦科(Cucurbitaceae)和 Viscaceae 等科中，ITS2 比 ITS1 长(汪小全，洪德元，1997；Baldwin et al.，1995)，在蔷薇科(Rosaceae)、蝶形花科(Fabaceae)、伞形科(Apiaceae)、龙胆科(Gentianaceae)和禾本科(Poaceae)等科中，ITS1 或者比 ITS2 长，或者比 ITS2 短，因属、种而异(Ainouche & Bayer，1997；Downie & Katz Downie，1996；Yuan et al.，1996；Baldwin et al.，1995)。

关系密切的物种间 ITS 长度接近，而序列有一定程度的变异，因此，该片段特别适合于属、组级的系统发育和分类研究(Ainouche & Bayer，1997；Kollipara et al.，1997；Yuan et al.，1996；Sang et al. ，1995，1994；Wojciechowski et al. ，1993；Baldwin，1993）。根据 ITS 序列进一步对他们之间的关系进行了分析，得到了与细胞遗传学、形态学一致的结果，进一步证实 ITS 区序列可用于系统学分析，同时指出该片段宜用于族、属间的系统发育和分类研究。

　　虽然由于位点内（intralocus）、位点间（interlocus）的同步进化，在许多物种内 ITS 不存在位点多态性（site polymorphism）（Kollipara et al. ，1997；Francisco Ortega et al. ，1997；Campbell et al. ，1995；Baldwin et al. ，1995；Hsiao et al. ，1994；Wojciechowski et al. ，1993），但仍有不少报道发现 ITS 序列存在种内多态性（intra specific polymorphism），即不同亚种、居群的同一位点（site）有 2 或 2 个以上的核苷酸类型（Ainouche & Bayer，1997；Downie & Katz Downie，1996；Buckler & Holt sford，1996；Yuan et al. ，1996；Sang et al. ，1995；Suh et al. ，1993），有些种内多态性还可用于种、亚种间关系的分析。

1.4　在杂交和多倍化研究中的应用

　　杂交和多倍化是高等植物进化的最重要途径之一。被子植物中多倍体的比例约占 50%～70%，在禾本科（Poaceae）中可能超过 80%（Masterson，1994；洪德元，1990；Grant，1981）。不同倍性的植物之间形成了极为复杂的网状进化关系，要重建这种关系是一项非常困难的工作。虽然各种分子标记为认识杂交和异源多倍体提供了重要依据，但由于分子进化机制极为复杂，这方面的进展受到很大限制（McDade，1995；Soltis & Soltis，1993），而 ITS 区序列的应用则为探讨这种重要而复杂的进化过程提供了契机（Ainouche & Bayer，1997；Wendel et al. ，1995；Sang et al. ，1995）。如果杂交和（或）多倍化的历史并不长，同步进化尚未使 rDNA 的重复单位间发生一致化，那么，杂种 ITS 序列就是双亲序列相加在一起，ITS 序列可以为网状进化提供直接证据。如在 *Krigia* 属中，核 rDNA 和 cpDNA 酶切图谱表明，二倍体种 *Krigia biflora* 和四倍体的 *Krigia montata* 可能是六倍体 *Krigia montata* 的亲本种，而 ITS 序列表明异源六倍体的 *K. ontata* 中同时存在有上述二倍体、四倍体的序列，从而弄清了该物种的起源途径(Kim & Jansen，1994)。Sang et al. (1995)在芍药属(Paeonia)中也发现双亲的 ITS 序列同时存在于二倍体或异源多倍体杂种中，他们认为杂种中保持双亲序列是因为营养繁殖所造成的世代周期延长，而有些杂种中亲本序列的部分一致化则是基因转换的结果，ITS 序列在揭示杂种起源方面可以提供重要信息。

　　另一方面，如果同步进化已使杂种的 ITS 序列一致化，则该序列可以为揭示进化机制提供重要信息，这方面的研究以 Wendel 等(1995)的工作最为出色。他们在棉属(*Gossypium*)中发现，不但二倍体物种(分别具 AA、DD 基因组)的 ITS 序列已全部一致化，而且异源四倍体物种(AADD)的同步进化也已完成或趋于完成。异源四倍体物种具有 4 个 18S、26S rDNA 位点，序列的一致化说明多倍体中的位点间同步进化已完成。更为有趣的是同步进化是双向的，有 4 个四倍体物种的 ITS 序列与 D 基因组物种一致，一个异源四倍体物种与 A 基因组一致，这进一步说明了多倍体分子进化机制的复杂性。另外，对于那些处于同步进化过程中的杂交起源类群来说，既观察不到明显的双亲 ITS 序列，又观察不到完全一致的序列，在分析物种间关系时要特别慎重，要结合形态学、细胞遗传学、等位酶分析、cpDNA、血清学等方面的证据才能得出结论(Ainouche & Bayer，1997；Sang et al. ，1995)。

1.5　ITS 区序列在药用植物道地性种质鉴别中的应用

　　由于道地药材与非道地药材常有相同的基原或为近缘，这就使得它们在外在形态、习性、组织构造以及所含的化学成分方面具有高度的相似性。多数情况下，传统的鉴定方法已难以准确鉴别。近年来，随着分子生物学和基因工程技术日趋成熟，选择合适的 DNA 区域进行序列测定是道地药材鉴定的极其准确、可靠的手段。其中 rDNA ITS 区序列在这一方面应用较多：如蔡金娜等对不同居群蛇床的 rDNA ITS 序列进行了分析，认为 rDNA ITS 序列能有效地鉴别蛇床的主要居群；周联等用 ITS 全序列鉴别了各地阳春砂及常见伪品，且发现与 RAPD 相比，测定 ITS 序列要更加灵敏；赵志礼等运用 rD-NA ITS 区序列鉴定了山姜属红豆蔻及其同属相似种；王冲之等根据伊贝母及其近缘种 nrDNA ITS 区序列，设计了一对鉴别性伊贝母 PCR 引物，成功地对完成了对伊贝母的特异性鉴定；陈月琴等运用 rDNA ITS 区序列成功鉴别了冬虫夏草属的虫草及其同属的替代品。以上说明 rDNA ITS 区鉴别同属植物相似种以及药用植物混淆种具有可行性。

综上所述，DNA 分子遗传标记凭借其一系列的优越性，能够对微量或高度降解的 DNA 样品进行分析，对干燥、变形、变质的生药样品甚至动植物的化石进行有效地鉴定，能够区别在化学成分、组织结构等非常相似的近缘种。随着分子生物学的发展，还将有新的分子标记技术不断问世。

1.6　传统的中国境内分布枸杞属植物系统与分类

中国境内分布的枸杞植物，有关学者进行了分类工作。1934 年王云章教授对中国境内分布枸杞属植物作了初步整理，共记录了 5 个种，其中描述了 1 个新种。苏联植物分类学者 A·保雅柯娃，在《中亚和中国产红果类枸杞属植物的种类》一文中，将枸杞属分为三个组：东方枸杞组(4 种)、中国枸杞组(6 种)、截果枸杞组(3 种)，由于种类分得过细，造成了分类混乱。中国科学院植物研究所对枸杞属分类作了专题研究与整理，比较全面地将中国境内分布枸杞属植物分为 7 种 3 变种，分别为宁夏枸杞(*Lycium barbarum* Linn.)、黑果枸杞(*Lycium ruthenicum* Murr.)、截萼枸杞(*Lycium truncatum* Y. C. Wang)、新疆枸杞(*Lycium dasystemum* Pojark.)、柱筒枸杞(*Lycium cylindricum* Kuang et A. M. Lu)、云南枸杞(*Lycium yunnanense* Kuang et A. M. Lu)、枸杞(*Lycium chinense* Mill.)、北方枸杞(*Lycium chinense* Mill. var. *potaninii* (Pojark.) A. M. Lu)、红枝枸杞 (*Lycium dasystemum* Pojark. var. *rubricaulium* A. M. Lu)、黄果枸杞(*Lycium barbarum* Linn. var. *auranticarpum* K. F. Ching)。在栽培过程中，经过长期的自然选择、人工驯化和培育形成了 10 多个农家种植品种(大麻叶、小麻叶、黄果、黄叶、圆果、尖头圆果、白条、白花、卷叶、紫柄)。栽培枸杞的品种分类，目前尚未系统研究资料，秦果峰根据植株的形态特征，将栽培枸杞初步划分为 3 个类型、12 个品种。

1.7　中国分布枸杞属种质资源收集保存研究现状

　　有关枸杞种质资源综合鉴定评价的研究国内外报道甚少，安巍等通过研究在已收集保存枸杞种质资源的基础上，建立资源保护和利用水平较高的国内唯一的枸杞种质资源圃和枸杞种质资源信息管理系统；圃内现保存枸杞种 7 种 3 变种，2000 余份种质材料。同时常年进行品种植物学性状、农业性状、经济性状、品质性状、抗逆性、繁殖性能、遗传功能、适应性及遗传多样性方面的研究，积累了大量的数据和丰富的调查方法和工作经验，安巍等对 60 份枸杞种质资源果实数量性状进行统计分析，提出数量性状数值分类标准和参照品种，为枸杞种质资源描述体系的规范化和标准化提供理论依据，完成《枸杞种质资源描述记载项目及评价标准》和《枸杞种质资源描述规范和数据标准》初稿。胥耀平对 10 个宁夏枸杞种的农家栽培品种的生长特性、抗性、果实品质作了比较分析及评价。

1.8　枸杞新品种选育研究现状

宁夏农林科学院从上世纪60年代就已开展了枸杞新品种选育及栽培技术研究工作，现已人工选育出新品种宁杞1号、宁杞2号、宁杞3号、宁杞4号、宁杞5号、宁杞6号、宁杞7号、三倍体无籽枸杞、菜用枸杞宁杞菜1号，宁杞1号、宁杞菜1号、宁杞3号、宁杞7号被列为国家品种推广计划。目前采用系统选优、杂交育种、航天育种、分子标记辅助育种等多种方法开展枸杞良种选育工作，获得了大量的新株系。对品种选育的研究尚未从分子机理进行研究。

1.8.1　自然变异选优

宁夏作为枸杞的道地产区，在其悠久的种植历史过程中，经自然选择和人工选择，先后筛选出了大麻叶、小麻叶、黑叶枸杞、白条枸杞、卷叶枸杞、黄叶枸杞等10多个农家栽培品种。1985年钟鉎元等采用单株选优法，从大麻叶枸杞中相继选育出"宁杞1号"、"宁杞2号"两个新品种，鲜果千粒重分别为571.9g、588.9g，并迅速在全国范围内得到大面积推广，为枸杞产业的发展提供了良种；2005年胡忠庆也从大麻叶枸杞群体中选育出了"宁杞4号"，1~4年平均亩产干果231.3kg，并在中宁等枸杞产区推广种植；目前，钟鉎元从枸杞群体中优选出的0105优良单株(经品种审定委员会定名为"宁杞3号")，鲜果千粒重达到912.7g。

1.8.2　杂交育种

宁夏枸杞杂交育种始于20世纪70年代初，90年代后期取得了突出的成就。李润淮、安巍首次用野生枸杞与栽培枸杞进行杂交育种，使枸杞种间杂交获得成功，实现枸杞杂交育种的创新，培育出菜用枸杞新品种"宁杞菜1号"，可广泛地应用到蔬菜生产领域，拓展了枸杞资源的利用，延长了产业链，适应了宽领域的市场需求，突破了以往仅利用枸杞果实的局限。安巍、王锦绣等人先后用宁杞1

号枸杞与四倍体枸杞杂交授粉，培育出三倍体无籽枸杞。安巍、石志刚、焦恩宁、王锦绣等人先后以枸杞、番茄为亲本进行属间远缘杂交育种试验，获得了大量的杂交株系，打破了物种间的界限，将异属植物的性状转入枸杞品种，表明某些茄科植物不同属间进行杂交是可行的。

1.8.3　倍性育种

通过对染色体加倍选育新品种，创造新的类型和物种，枸杞的倍性育种也取得实质性进展，顾淑荣诱导出枸杞单倍体花粉植株，樊映汉报道，采用宁夏枸杞、枸杞含单核晚期花粉的花药进行培养，可形成大量生根单倍体植株，曹有龙用枸杞花药进行离体培养诱导出单倍体花粉植株。秦金山用未授粉子房经低温处理，获得同源四倍体植株，牛德水用实生苗生长点诱变形成四倍体植株。艾先元用秋水仙碱处理枸杞茎尖组织，获得同源四倍体枸杞苗。安巍、王锦绣等人先后用宁杞 1 号枸杞与四倍体枸杞杂交授粉，培育出三倍体无籽枸杞。王莉离体培养枸杞胚乳并诱导出四倍体和三倍体水平的枸杞胚乳植株。顾淑荣等用未成熟枸杞胚乳植株也获得三倍体植株。

1.8.4　诱变育种

曹有龙等利用 $60Co - \gamma$ 射线对宁杞 1 号枸杞胚性愈伤组织诱导，并以枸杞根腐病病菌尖孢镰刀菌的粗毒素成功筛选出抗病变异体的再生植株。王仓山用枸杞无菌苗下胚轴产生的愈伤组织进行诱变培养，获得耐盐植株。

1.8.5　航天育种

枸杞航天育种始于 2003 年。安巍、石志刚等人于 2003 年 11 月利用我国第 18 颗返回式卫星搭载宁夏枸杞种子，获得了大量的枸杞航天苗，通过对群体遗传性状调查，航天诱变苗发芽率比对照提高 10.6%，生长势、株高、地径、发枝数、现蕾率上均优于对照，尤其是在果实形态、结果期、生长量、叶片形态与对照之间差异明显。

1.8.6　枸杞转基因育种

曹有龙利用基因工程育种技术，建立了枸杞转基因育种技术体系，培育出 2 个转基因枸杞品系。连续两年对 41 个转基因枸杞株系进行的抗虫试验，平均蚜口密度抑制率达到 80% 以上。构建适合枸杞叶绿体基因转化载体，将抗肝炎基因（HisE，HisH）转入枸杞叶绿体基因组，培育出植物工程疫苗——抗肝炎转基因枸杞。

1.9　枸杞产业发展现状

宁夏枸杞是我国受原产地保护的药食两用道地药材和传统出口创汇产品，在自治区党委、政府优先扶持下，相继出台了"枸杞科技产业发展规划"和"优势特色农产品区域布局及发展规划"，将枸杞列为我区独具特色的优势战略性主导产业。以科技为支撑，种植规模和产业化水平迅速提高，种植规模由 1996 年的 2.48 万亩以年平均 17.3% 的增长速度发展到 2011 年的 87 万亩，占全国种植总面积的 51.2%，枸杞干果总产量由 1155t 以年平均 25.7% 的速度递增到 10 万 t，占全国总产量的 66.6%，年出口量由 450 万 kg 上升到 2000 万 kg；枸杞生产总值由 1484 万元以年平均 73.16% 的跨越式发展初次达到 50 亿元，在宁夏农业总产值的比例由 0.31% 迅速攀升到 16%。枸杞产业的发展带动了宁夏贫困地区的农民增收致富，人均从枸杞上获得的直接收入由 10 年前的 640 元上升到 2000 元，科技示范户的人均收入已达到 3100 元。

虽然枸杞产业近 10 年得到迅猛发展，但是作为产业的源头和产业链最前端的枸杞种植品种，表现相对单一，枸杞种群的生物多样性受到抑制。2011 年 12 月以前，全国 170 万亩枸杞的 90% 以上种植品种为"宁杞 1 号"，宁夏 87 万亩枸杞中有 99% 以上种植品种为"宁杞 1 号"。果实制干品种的单一已经不能适应市场的多元化发展之需要；其次由于品种单一，遗传基因狭窄，表现出极强的脆弱性，不仅造成抗性降低、产量和品质下降，而且极易在外界因素的侵染和破坏下遭受毁灭性的打击。

由于人类长期的栽培选择以及野生枸杞生态环境的破坏，许多农家品种和野生种消失或濒临灭绝，导致了后代种群遗传基础的相对狭窄，因此开展枸杞遗传改良研究是保护遗传多样性的需要，有利于枸杞种群的繁衍；有利于筛选优质种质资源和具有特异农艺性状的种质资源；有利于传统品种品质改良，从源头上整体提高枸杞产品质量和生产技术水平。

加快枸杞新品种的选育进程，实现枸杞种植品种的多样化，是有效地解决枸杞生产中的关键的共性问题，而枸杞种质资源是进一步改良品种所必需的物质基础，所拥有和掌握的种质越丰富，遗传背景越清楚，育种和选种的预见性越高，就可能不断地培育出高产、优质、多抗、适应加工或机械化作业的枸杞新品种，最终更好地满足枸杞这一优势特色产业可持续发展的需要。

1.10　研究目的意义

针对枸杞遗传改良研究基础薄弱、种质遗传背景不清、品种单一的突出问题，以加快育种进程、提高育种效率为核心，以枸杞定向培育的亲本选择为目标，重点开展适宜于枸杞 nrDNA ITS（核糖体 DNA 内转录间隔区）序列分析的 DNA 提取技术、PCR（聚合酶链式反应 Polymerase chain reaction）扩增技术、PCR 产物克隆技术的研究并加以优化，对枸杞不同种质进行 nrDNA ITS 序列的基因测序，建立相对成熟的枸杞 ITS 序列分析技术体系，从 DNA 水平上探讨枸杞属植物的系统发育关系、进行遗传多样性分析，以期发现和利用各种基因和基因型资源，为枸杞品种改良、新品种定向培育的亲本选择、提高杂种优势的预测和利用效率等育种实践以及枸杞种质资源生物多样性的保存提供理论参考依据，并在枸杞新品种、品系的推广中提供基于 ITS 序列的鉴定标准，为枸杞分类学、系统学、资源保护和合理开发应用提供一些分子依据，为资源的合理利用、保护、引种、筛选良种和杂交育种提供理论和实践依据。

2　材料与方法

2.1　实验材料

2.1.1　ITS 区全序列测定的材料

本项目将依托国内唯一的枸杞种质资源圃和在长期开展枸杞新品种选育获得的育种材料的基础上，选取枸杞属 7 种 3 变种、宁夏枸杞地方品种、杂交群体、航天诱变群体、倍性群体中选择 44 份代表性单株，所测种质为无性繁殖的，并选取 *Atropa belladonna*，*Jaborosa integrifolia*，*Nolana arenicola* I. M. Johnst. 作为外类群（参考 JILL S. MILLER 选取的外类群）。

表 2-1　材料种名和来源

Table2-1　Species，Source of the materials

种名 Species	中文名	来源 Source
Lycium ruthenicum Murr.	黑果枸杞	宁夏农科院枸杞中心·枸杞种质资源圃
	中宁黑果	宁夏农科院枸杞中心·枸杞种质资源圃
	青海黑果	宁夏农科院枸杞中心·枸杞种质资源圃
Lycium truncatum Y. C. Wang	截萼枸杞	宁夏农科院枸杞中心·枸杞种质资源圃
Lycium dasystemum Pojark.	新疆枸杞	宁夏农科院枸杞中心·枸杞种质资源圃
Lycium dasystemum Pojark. var. 　*rubricaulium* A. M. Lu	红枝枸杞	宁夏农科院枸杞中心·枸杞种质资源圃
Lycium barbarum Linn.	宁夏枸杞	宁夏农科院枸杞中心·枸杞种质资源圃
Lycium barbarum Linn. var. 　*auranticarpum* K. F. Ching	黄果枸杞	宁夏农科院枸杞中心·枸杞种质资源圃
Lycium cylindricum Kuang et A. M. Lu	柱筒枸杞	宁夏农科院枸杞中心·枸杞种质资源圃
Lycium chinense Mill.	枸杞	宁夏农科院枸杞中心·枸杞种质资源圃

（续）

种名 Species	中文名	来源 Source
Lycium chinense Mill. var. *potaninii* (Pojark.) A. M. Lu	北方枸杞	宁夏农科院枸杞中心·枸杞种质资源圃
Lycium yunnanense Kuang et A. M. Lu	云南枸杞	宁夏农科院枸杞中心·枸杞种质资源圃
Lycium barbarum Linn.	宁杞 1 号	宁夏农科院枸杞中心·枸杞种质资源圃
	宁杞 2 号	宁夏农科院枸杞中心·枸杞种质资源圃
	大麻叶	宁夏农科院枸杞中心·枸杞种质资源圃
	小麻叶	宁夏农科院枸杞中心·枸杞种质资源圃
	黑叶麻叶	宁夏农科院枸杞中心·枸杞种质资源圃
	白花	宁夏农科院枸杞中心·枸杞种质资源圃
	宁夏黄叶	宁夏农科院枸杞中心·枸杞种质资源圃
	宁夏黄果	宁夏农科院枸杞中心·枸杞种质资源圃
Lycium barbarum Linn.	类黄叶	宁夏农科院枸杞中心·枸杞种质资源圃
	紫柄	宁夏农科院枸杞中心·枸杞种质资源圃
	白条	宁夏农科院枸杞中心·枸杞种质资源圃
	尖头圆果	宁夏农科院枸杞中心·枸杞种质资源圃
	圆果	宁夏农科院枸杞中心·枸杞种质资源圃
	常熟枸杞	宁夏农科院枸杞中心·枸杞种质资源圃
	韩国枸杞	宁夏农科院枸杞中心·枸杞种质资源圃
	美国枸杞	宁夏农科院枸杞中心·枸杞种质资源圃
未定	不育系	宁夏农科院枸杞中心·枸杞种质资源圃
	蔓生	宁夏农科院枸杞中心·枸杞种质资源圃
	240	宁夏农科院枸杞中心·枸杞种质资源圃
三倍体	9601	宁夏农科院枸杞中心·枸杞种质资源圃
	9001	宁夏农科院枸杞中心·枸杞种质资源圃
四倍体	88028	宁夏农科院枸杞中心·枸杞种质资源圃
	88024	宁夏农科院枸杞中心·枸杞种质资源圃

（续）

种名 Species	中文名	来源 Source
航天突变体	05 – 12 – 02	宁夏农科院枸杞中心·枸杞种质资源圃
	05 – 12 – 29	宁夏农科院枸杞中心·枸杞种质资源圃
	05 – 14 – 01	宁夏农科院枸杞中心·枸杞种质资源圃
宁杞1号×宁杞2号	05 – 4 – 17 – B	宁夏农科院枸杞中心·枸杞种质资源圃
	05 – 4 – 31 – B	宁夏农科院枸杞中心·枸杞种质资源圃
	05 – 06 – 27 – B	宁夏农科院枸杞中心·枸杞种质资源圃
宁杞2号×宁杞1号	05 – 38 – 36	宁夏农科院枸杞中心·枸杞种质资源圃
宁杞1号×白花	05 – 31 – 01	宁夏农科院枸杞中心·枸杞种质资源圃
白花×宁杞1号	05 – 32 – 31	宁夏农科院枸杞中心·枸杞种质资源圃

2.1.2 从 GenBank 中获得的 ITS 序列

从 GenBank 选取的 ITS 序列：*Atropa belladonna*，*Jaborosa integrifolia*，*Nolana arenicola* I. M. Johnst. 作为外类群（参考 JILL S. MILLER 选取的外类群）。

表2-2　材料种名和来源

Table2-2　Species，Source of the materials

Taxon	Provenance and source	Voucher	GenBank accession
Atropa belladonna var. *lutea* L. ＊	Worldwide （cultivated at BIRM）	S. 0078 BIRM	AY028129， AY028147

2.1.3 酶及化学试剂

pGEM. – TVector(Promega 公司)；DNA 胶回收纯化试剂盒(北京博大生物技术有限公司)。

rTaq，L A – Taq，X – gal (TaKaRa)；琼脂糖(Bioweat)；Amp (Arnresco)；Tryptone (Oxoid)；Yeast Extract (Oxoid)；Tris；EDTA (Sigma)；其它试剂为国产分析纯。

2X CTAB 提取液配方：

100 mmol/L Tris – HCL pH8.0，1.4mol/L NaCl，20mmol/L ED-TA，2% CTAB，3% β – 疏基乙醇

培养基配方：

LB 培养基成份：胰蛋白膝（10g/L）；酵母提取物（5g/L）；NaCl（10g/L）（若配固态培养基则附加 12 – 15g/L 琼脂粉）；定容后调 pH 值至 7.0，高温蒸汽灭菌（121℃，0.105Mpa）15min。

2.1.4 主要仪器设备

pGEM – T Vector（Promega 公司）；DNA 胶回收纯化试剂盒（上海华舜公司）；rTaq，LA – Taq，X – gal（TaKaRa）；琼脂糖（Bioweat）；Amp（Amresco）；Tryptone（Oxoid）；Yeast Extract（Oxoid）；Tris，ED-TA（Sigma）；其它试剂为国产分析纯。

2X CTAB 提取液配方：

100 mmol/L Tris – HCL pH8.0，1.4mol/L NaCl，20mmol/L ED-TA，2% CTAB，3% β – 疏基乙醇。

培养基配方：

LB 培养基成份：胰蛋白膝（10g/L）；酵母提取物（5g/L）；NaCl（10g/L）（若配固态培养基则附加 12 – 15g/L 琼脂粉）；定容后调 pH 值至 7.0，高温蒸汽灭菌（121℃，0.105Mpa）15min。

PCR 产物凝胶回收试剂盒购自北京博大生物技术有限公司。

大肠杆菌菌株（Escherichia coli）DH5α 购自北京天为时代科技有限公司。

2.2　实验方法

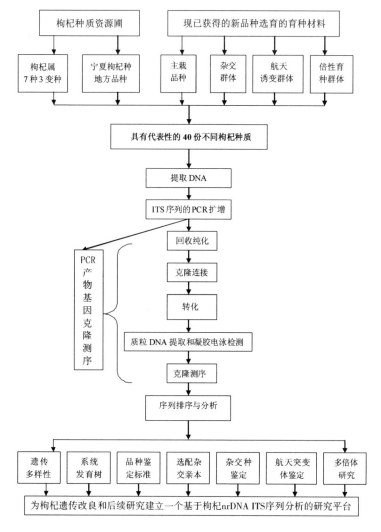

2.2.1　基因组总 DNA 的提取

采摘生长旺盛植株的鲜嫩叶片，采自枸杞不同种质植株的样品分别单独保存。双蒸水洗涤两次，用无菌滤纸吸干。－80℃保存。DNA 提取方法采用 CTAB 法，提取步骤如下(表 2-3)：

(1)准备：2X CTAB 提取缓冲液：2%(w/v)CTAB，1.4 mM NaCl，0.2%(v/v)β - mercaptoethanol，20mM EDTA，100 mM Tris - HCl(pH8.0)；60 ~ 65℃水浴预热。

(2)将 0.2g 植物材料，在液氮中研磨成粉末，转移到 1.5mL 离心管中。

(3)加入 600μL 2X CTAB 缓冲液，65℃水浴 30 分钟，期间稍加混匀。

(4)加等体积的氯仿：异戊醇(24:1)，轻柔混匀。

(5)12000 rpm 离心 6 ~ 10min，小心将上清液转移到干净的 1.5mL 离心管中。

(6)用 0.8V 冷异丙醇(或 2V 预冷的无水乙醇)/0.1V 3M NaoAc 沉淀 DNA。最好在 －20℃下放置 30min 以上。

(7)12000rpm 离心 10 ~ 30min，沉淀用 70% 预冷乙醇洗涤 1 ~ 2 次。

(8)用适量 TE(10mM Tris - HCl，pH7.4 1mM EDTA)溶解。

(9)加 RNase A 到终浓度 10μg/mL，37℃消化 30min。

(10)重复步骤 4 ~ 9。

(11)0.8%琼脂糖凝胶电泳检测。

表 2-3　2 × CTAB 提取液配制

2 × CTAB 提取液终浓度	母液	5mL	10mL	15mL	20mL
1.4 mM NaCl	5M NaCl	1.4	2.8	4.2	5.6
20mM EDTA	0.5M EDTA	0.2	0.4	0.6	0.8
100 mM Tris - HCl(pH8.0)	1M Tris - HCL，pH 8.0	0.5	1.0	1.5	2.0
2%(w/v)CTAB	10%(w/v)CTAB	1.0	2.0	3.0	4.0
0.2%(v/v)β - mercaptoethanol	β - mercaptoethanol	0.01	0.02	0.03	0.04
H_2O	H_2O	1.89	3.78	5.67	7.56

2.2.2　ITS 序列的 PCR 扩增

采用加拿大 Premier 公司开发的专业用于 PCR 或测序引物设计的软件 Premier5.0，依据 GenBank 数据库中已发表的茄科枸杞属植物 nrDNA ITS 序列设计如下引物：

P1：5′ - AACCTGCGGAAGGATCATTGTC ' - 3′.（J070611 - 0147）

P2：5′ - TGATATGCTTAAACTCAGCGGGTA - 3′（J070611 - 0148）

引物合成单位为英骏生物技术有限公司（Tnvitrogen Biotechnology Co, Ltd）。

P1 位于 ITS1 起始端的保守区域，ITS2 位于 28S rDNA 的保守区域。PCR 扩增产物将包括 ITSl、5.8S rDNA、ITS2 和部分 28S rDNA 序列，序列总长度应为 680bp 左右。

PCR 反应为 25μL 体系，包含 2.5μL　10xPCR　Buffer，0.5μL dNTPs（2.5m Meach），P1 和 P2

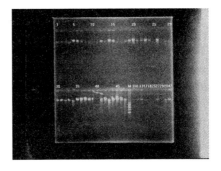

图 2-1　总 DNA 提取

Fig 2-1　DNA was extracted

（20uM）各 1μL，rTaq 酶（TAKARA）1.5U，DNA 模板 1.0μL（diluted to 50ng/mL）。

反应程序为：①95℃预变性 5min；② 95℃变性 30s，55℃退火 30s（退火温度可在 58~60℃之间调节），72℃延伸 45s，36 次循环；③72℃保温 7min；④4℃保存。

PCR 产物进行 0.8% 琼脂糖/EB 凝胶电泳。电泳结果如图 2-1。由图中目标片段对应 DNA Marker 的位置可知，目标片段长度约为 650bp。

2.2.3 PCR 产物纯化回收

PCR 产物进行 1.0% 琼脂糖/EB 凝胶电泳，用 DNA 胶回收纯化试剂盒（北京博大生物技术有限公司产品）进行回收，具体方法如下：

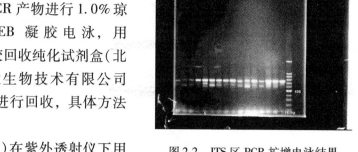

图2-2   ITS 区 PCR 扩增电泳结果

Fig2-2   The electophoresis of PCR on ITS region

（1）在紫外透射仪下用干净锋利的手术刀片切下包含欲回收片断的琼脂糖胶块，在吸水纸上放置片刻以去除残留的缓冲液。称重估计体积（100mg≈100μL）。将胶块转移到 1.5mL 离心管中。

（2）加入 3 倍体积的 Buffer DE – A（300μL）。

（3）涡旋混匀，75℃ 加热 6 ~ 8min 熔胶（熔胶时间不要超过 10min），期间每隔 2 ~ 3min 涡旋混匀以促进熔胶。注意：熔胶必须彻底。

（4）加入 Buffer DE – A 一半体积的 Bufffer DE – B（150μL），混匀。如果回收片断小于 400bp，需要加入等样品体积的异丙醇（100μL）。

（5）将回收柱放置到 2mL 收集管中。将步骤 4 所得到的熔胶液转移到回收柱中。12000 × g 离心 1min。

（6）弃滤过液，保留收集管，在回收柱中加入 500μL Buffer W1。12000 × g 离心 30s。

（7）弃滤过液，保留收集管，在回收柱中加入 700μL Buffer W2（请检查 Buffer W2 中是否已加入乙醇）。12000 × g 离心 30s。

（8）可选步骤：弃滤过液，保留收集管，在回收柱中加入 700μL Buffer W2，12000 × g 离心 1min（洗 2 遍可以有效除盐以降低对后续连接、测序等酶促反应的影响）。

（9）弃滤过液，保留收集管，12000 × g 离心 1min 以去除残留乙醇。

（10）将回收柱转移到干净的 1.5mL 离心管中（已提供）。将 25 ~ 30μL 洗脱液加入到回收柱膜的中央，室温中放置 1 分钟，12000 × g 离心 1min。（洗脱液在 65℃ 预热可以提高洗脱效率）。

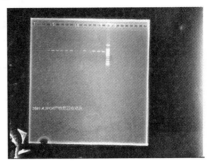

图 2-3　　ITS 区 PCR 产物胶回收电泳图

Fig2-3　　DNA gel extraction of PCR produced on ITS region

回收产物由紫外分光光度计测定浓度，以决定在连接反应中胶回收产物的体积。

2.2.4　pGEM – T Easy Vector System I 克隆 PCR 产物

（1）建立反应体系：

表 2-4　　pGEM – T 连接反应体系

Table2-4　　T he reaction system of pGEM – T Ligation

Reagents	Standard Reaction
10 ×T4 DNA Ligation Buffer	1μL
T – Easy Vector	1μL
PCR Product	5 μL（胶回收 DNA30ng）
T_4 DNA Ligase	1μL
H_2O	2μL
Deionized water to a final volume of	10μL

（2）10 ×T4 DNA Ligation Buffer 在每次使用前，都应涡旋混匀。

（3）混匀反应体系，室温下温育 1 小时。如需获得较多的转化子，则在 4℃ 温育过夜。

（4）制备 LB/Amp/IPTG/X – Gal 平板（在 LB/Amp 平板上铺 100

μL 100mM IPTG 及 20μL 50mg/mL X – Gal, 37℃ 吸收 30min), 每个连接反应需要 2 个。

(5)取 5μL 连接产物, 加入到装有 50μL DH5α 感受态细胞的 1.5mL 离心管中(注意一定要在超净工作台中进行)。

(6)轻扣离心管, 混匀内容物, 冰浴 30min。

(7)42℃ 水浴热激 90s。注意: 不要摇动。立即转移到冰上放置 2min。

(8)转化的细胞中加入 500μL 的 LB 液体培养基。37℃ 振荡培养 (200 rpm)1.5h。

(9)取 300μL 转化物涂平板(LB/Amp /IPTG/X – Gal)。

(10)平板 37℃ 培养过夜(16~24h)。长时间培养或 4℃ 保存有助于蓝白斑筛选。白色菌落通常含有插入子。然而, 插入子也可能存在于蓝色菌落中(表2-4)。

2.2.5 菌落 PCR 产物检测

PCR 反应为 25μL 体系, 包含 2.5μL 10 × PCR Buffer, 0.5μL dNTPs(2.5m Meach), P1 和 P2(20uM) 各 1μL, rTaq 酶(TAKARA) 1.5U, 单菌落 1 个 Clone(diluted to 50 ng/mL)。

反应程序为: ①94℃ 预变性 5min; ②94℃ 变性 30s, 52℃ 退火 30s(退火温度可在 58 ~ 60℃ 之间调节), 72℃ 延伸 45s, 30 次循环; ③72℃ 保温 7min; ④4℃ 保存。

PCR 产物进行 0.8% 琼脂糖/EB 凝胶电泳。电泳结果如图。由图中目标片

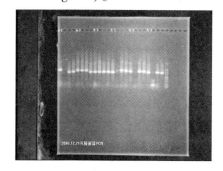

图2-4 连接产物菌落 PCR 检测电泳克隆

Fig2-4 The electophoresis of theclone of ligation production on PCR

段对应 DNA Marker 的位置可知，目标片段长度约为 650bp。

2.2.6　DNA 测序

将含有目标片段的菌落，用 LB 液体培养基培养，每个材料选取 3 个菌落送往北京奥科公司和北京六合通经贸有限公司测序。

2.2.7　序列分析及系统发育树构建

将所获得的 ITS 序列数据，利用 DNAMAN 在 NCBI 数据库中与已发表的 ITS 序列进行同源性比对，运用 Clustal X 程序对不同材料的 ITS 序列进行对位排列。用系统发育分析软件 MEGA4.0 进行序列数据计算和系统发育树构建。

3 结果与分析

3.1 中国分布枸杞属不同种间系统发育分析

3.1.1 实验测得中国分布枸杞属不同种间植物 ITS 区序列分析

利用 DNAMAN 将实验测得的 ITS 序列与 NCBI 数据库中已发表的 ITS 序列进行同源性比较，分别确定出 ITS1、5.8S 及 ITS2 序列片段。运用 DNAMAN 软件对所测得的序列进行对位排列结果如图 3-1。将对位排列后的数据导入系统发育分析软件 MEGA4.0 对序列进行统计和分支分析。

CLUSTAL multiple sequence alignment

changshu	-CGAAACCTACACAGCAGAATGACCCGCGAACACGTTTGAACACTGGGGA-GCCACGCTG
Korea	-CGAAACCTACACAGCAGAATGACCCGCGAACACGTTTGAACACTGGGGA-GCCACGCTG
qinghaihheiguo	-CGAAACCTGCAAAGCAGAATGACCCGCGAACGCGTTTCAACACTGGCG--GCCACGCGG
ningqi1	-CGAAACCTGCACAGCAGAACGACCCGCGAACGCGTTTCAACACTGGGGA-GCCGCGCGG
zibing	-CGAAACCTGCACAGCAGAACGACCCGCGAACGCGTTTCAACACTGGGGA-GCCGCGCGG
jiee	-CGAAACCTGCACAGCAGAACGACCCGCGAACGCGTTTCAACACTGGGGA-GCCGCGCGG
zhutong	-CGAAACCTGCACAGCAGAACGACCCGCGAACGCGTTTCAACACTGGGGA-GCCGCGCGG
xingjiang	-CGAAACCTACACAGCAGAATGACCCGCGAACACGTTTGAACACTGGGGA-GCCACGCTG
yunnan	-CGAAACCTACACAGCAGAATGACCCGCGAACACGTTTGAACACTGGGGA-GCCACGCTG
mansheng	-CGAAACCTACACAGCAGAATGACCCGCGAACACGTTTGAACACTGGGGA-GCCACGCTG
hongzhi	-CGAAACCTACACAGCAGAACGACCCGCGAACACGTTTGAACACTGGGGA-GCCACGCTG
zhonguo	-CGAAACCTGCACAGCAGAACGACCCGCGAACGCGTTTCAACACTGGGGA-GCCGCGCGG
heiguo	-CGAAACCTGCACAGCAGAACGACCCGCGAACGCGTTTCAACACTGGGGA-GCCGCGCGG
huangguobian	-CGAAACTTGCAAAGCAGAACGACCCGCGAACGCGTTTCAACACTGGCG--GCCACGCGG
beifangbian	-CGAAACCTGCACAGCAGAACGACCCGCGAACGCGTTTCAACACTGGGGA-GCCGCGCGG
zhongningheiguo	-CGAAACTTGCAAAGCAGAACGACCCGCGAACGCGTTTCAACACTGGCG--GCCACGCGG

```
meiguo            -CGAAACCTGCACAGCAGAACGACCCGCGAACCCGTTTGAACACCGGGGA-GCCGCGCGG
Atropa_belladonna CGAAACCTGCATGGCAGAACGACCCGCGAACACGTTCAAACACCGGGTTAGTCGCGCGG
                  * * * * *  * * *  * * * * * *  * * * * * * * * * *  * * * *   * * * * *  * *    *  *  * * *  *
```

```
changshu          GTGG-GGTGCTTCGGTCCCTC-GTACGTGCGTCTCCCCCTCGTCTTC---AGCACGCGCG
Korea             GTGG-GGTGCTTCGGTCCCTC-GTACGTGCGTCTCCCCTTCGTCTTC---AGCACGCGCG
qinghaihheiguo    GCGGGGGTGCTTCGGCCCCCC-GTGCGTGCGTATCCCCCTCGC-----------------
ningqi1           GCGG-GGTGCTTCGGCCCCCC-GTGTGCGCGTCTCCCCCCC-TCGTCCCCGGCGCGCGCG
zibing            GCGG-GGTGCTTCGGCCCCCC-GTGTGCGCGTCTCCCCCCC-TCGTCCCCGGCGCGCGCG
jiee              GCGG-GGTGCTTCGGCCCCCC-GTGTGCGCGTCTCCCCCC--TCGTCCCCGGCGCGCGCG
zhutong           GCGG-GGTGCTTCGGCCCCCC-GGGTGGGGGTCTCCCCCCCCCGTCCCCGGCGCGCGCG
xingjiang         GTGG-GGTGCTTCGGTCCCTC-GTACGTGCGTCTCCCCCTCGTCTTC---AGCACGCGCG
yunnan            GTGG-GGTGCTTCGGTCCCTC-GTACGTGCGTCTCCCCCTCGTCTTC---AGCACGCGCG
mansheng          GTGG-GGTGCTTCGGTCCCTC-GTACGTGCGTCTCCCCCTCGTCTTC---AGCACGCGCG
hongzhi           GTGG-GGTGCTTCGGTCCCTC-GTACGTGCGTCTCCCCATCGTCCTC---AGCACGTGCG
zhonguo           GCTG-GGTGCTTCGGCCCCCCCGTGCGCGCGTCTCCCCCTCGTCCCC---GGCGCGCGCG
heiguo            GCGG-GGTGCTTCGGCCCCCC-GTGTGCGCGTCTCCCCCCCTCGTCCCCGGCGCGCGCG
huangguobian      GCGGGGGTGCTTCGGCTCCCC-GTGCGTGTGTATCCCCCTCGCAC--------------
beifangbian       GCGG-GGTGCTTCGGCCCCCC-GTGCGCGCGTATCCCCCC--TCGTCCCCGGCGCGCGCG
zhongningheiguo   GCGGTGGTGCTTCGGCCCCCC-GTGCGTGCGTATCTCCCTCGC-----------------
meiguo            GCGG-GGTGCTTCGGCCCCCC-GTGCGCGCGTCTCCCCCTCGTCCCC---GGCGCGCGCG
Atropa_belladonna AGG-AGCGGTCCAGCACCTCCCCCCGCGCGTCTCTCCCACCGTCC-----CCGGCGCG
                  *   *   * * * * *   * *  *       * * * * * * * *
```

```
changshu          TCCGCATGCGCGTCGGGTGATTAATGAACCCCGGCGCGAAAAGCACCACGGAGTACTTAA
Korea             TCCGCATGCGCGTCGGGTGATTAATGAACCCCGGCGCGAAAAGCGCCACGGAGTACTTAA
qinghaihheiguo    ----------GCCGAGCGACTAACGAACCCCGGTGCGGAAAGCGCCAAGGAATACTTAA
ningqi1           CCCGCGCGCGCGTCGGGTGACTAACGAACCCCGGCGCGAAAAGCGCCAAGGAATACTTAA
zibing            CCCGCGCGCGCGTCGGGTGACTAACGAACCCCGGCGCGAAAAGCGCCAAGGAATACTCAA
jiee              CCCGCGCGCGCGTCGGGTGACTAACGAACCCCGGCGCGAAAAGCGCCAAGGAATACTTAA
zhutong           CCCGCGCGCGCGTCGGGTGACTAACGAACCCCGGCGCGAAAAGCGCCAAGGAATACTTAA
xingjiang         TCCGCATGCGCGTCGGGTGATTAATGAACCCCGGCGCGAAAAGCGCCACGGAGTACTTAA
yunnan            TCCGCATGCGCGTCGGGTGATTAATGAACCCCGGCGCGAAAAGCGCCACGGAGTACTTAA
mansheng          TCCGCATGCGCGTCGGGTGATTAATGAACCCCGGCGCGAAAAGCGCCACGGAGTACTTAA
hongzhi           CCCGCATGCGCGTCGGGTGATTAATGAACCCCGGCGCGAAAAGCGCCACGGAATACTTAA
```

zhonguo	CCCGCGCGCGCGTCGGGCGACTAACGAACCCCGGCGCGGAAAGCGCCAAGGAATACTTAA
heiguo	CCCGCGCGCGCGTCGGGTGACTAACGAACCCCGGCGCGAAAGCGCCAAGGAATACTTAA
huangguobian	CGGGCACGCGCGCCGGGCGACTAACGAACCCCGGTGCGGAAAGCGCCAAGGAATACTTAA
beifangbian	CCCGCGCGCGCGTCGGGTGACTAACGAACCCCGGCGCGAAAGCGCCAAGGAATACTCAA
zhongningheiguo	-----------GCCGGGCGACTAACGAACCCCGGTGCGGAAAGTGCCAAGGAATACTTAA
meiguo	CCCGCGCGCGCGTCGGGCGACTAACGAACACCGGCGCGGAAAGCGCCAAGGAATACTTAA
Atropa_belladonna	GCTCGCGCGCGGCGGGCGACTAACGAACCCCGGCGCGGAAAGCGCCAAGGAATACG-GA

* *

changshu	ATTGATAGCCTGCCTCTTGCGCCCCATCCGCGGTGCACGCGGCAGGACCTGTGCTTCTAT
Korea	ATTGATAGCCTGCCTCTTGCGCCCCATCCGCGGTGCTCGCGGCAGGACCTGTGCTTCTAT
qinghaihheiguo	ATTGATAGCCTGCCTCTTGCGCCCCGTGCGCGGTGCGCGCGGGAGGGCCTGTGCTTCTCT
ningqi1	ATTGATAGCCTGCCTCTCGCGCCCCGTCCGCGGTGCACGCGGGAGGGCCTGTGCTTCTCT
zibing	ATTGATAGCCTGCCTCTCGCGCCCCGTCCGCGGTGCGCGCGGGAGGGCCTGTGCTTCTCT
jiee	ATTGATAGCCTGCCTCTCGCGCCCCGTCCGCGGTGCGCGCGGGAGGGCCTGTGCTTCTCT
zhutong	ATTGATAGCCTGCCTCTCGCGCCCCGTCCGCGGTGCGCGCGGGAGGGCCTGTGCTTCTCT
xingjiang	ATTGATAGCCTGCCTCTTGCGCCCCATCCGCGGTGCACGCGGCAGGACCTGTGCTTCTAT
yunnan	ATTGATAGCCTGCCTCTTGCGCCCCATCCGCGGTGCACGCGGCAGGACCTGTGCTTCTAT
mansheng	ATTGATAGCCTGCCTCTTGCGCCCCATCCGCGGTGCACGCGGCAGGACCTGTGCTTCTAT
hongzhi	ATTGATAGCCTGCCTCTTACGCCCCATCCGCGGTGCGCGCGGGAGGACCTGTGCTTCTAT
zhonguo	ATTGATAGCCTGCCTCTCGCGCCCCGTCCGCGGTGCGCGCGGGAGGACCTGTGCTTCTCT
heiguo	ATTGATAGCCTGCCTCTCGCGCCCCGTCCGCGGTGCGCGCGGGAGGGCCTGTGCTTCTCT
huangguobian	ATTGATAGCCTGCCTCTTGCGCCCAGTGCGCGGTGCGCGCGGGAGGGCCTGTGCTTCTCT
beifangbian	ATTGATAGCCTGCCTCTCGCGCCCCGTCCGCGGTGCGCGCGGGAGGGCCTGTGCTTCTCT
zhongningheiguo	ATTGATAGCCTGCCTCTTGCGCCCCGTGCGCGGTGCGCGCGGGAGGGCCTGTGCTTCTCT
meiguo	ATTGAAAGCCTGCCTCTCGCGCCCCGTCCGCGGTGCGCGCGGGAGGACCTGCGCTTCTCT
Atropa_belladonna	TTGACAGCCTGACTCCCGCGCCCCGTCCGCGGCGCGCGCGG-AGGAACCGCGCTTCGAT

* *

changshu	TGAAACAAAAGTGACTCATCGCGTCGCCCCC-GCACACCGCGCCCATACTCTGGGTCGTG
Korea	TGAAACAAAAGTGACTCATCGCGTCGCCCCC-GCACACCGCGCCCATACTCTGGGTCGTG
qinghaihheiguo	TGAAACAAAAACGACTCATCGTGTCGCCCCC-GCCCACCGCACCCACGCTCTAGGTCGCG
ningqi1	TGAAACAGAAACGACTCATCGCGTCGCCCCCCGCGCACCGCGCCCATGCTCTGGGTCGCG
zibing	TGAAACAGAAACGACTCATCGCGTCGCCCCCCGCACACCGCGCCCATGCTCTGGGTCGCG
jiee	TGAAACAGAAACGACTCATCGCGTCGCCCCCCGCGCACCGCGCCCATGCTCTGGGTCGCG

zhutong	TGAAACAGAAACGACTCATCGCGTCGCCCCCCGCGCACCGCGCCCATGCTCTGGGTCGCG
xingjiang	TGAAACAAAAGTGACTCATCGCGTCGCCCC-GCACACCGCGCCCATACTCTGGGTCGTG
yunnan	TGAAACAAAAGTGACTCATCGCGTCGCCCC-GCACACCGCGCCCATACTCTGGGTCGTG
mansheng	TGAAACAAAAGTGACTCATCGCGTCGCCCC-GCACACCGCGCCCATACCCTGGGTCGTG
hongzhi	TGAAACAAAAGTGACTCATCGCGTCGCCCC-GCACACCGCGCCCACACTCTAGGTCGTG
zhonguo	TGAAACAAAAACGACTCATCGCGTCGCCCC-GCACACCGCGCCCATGCTCTGGGTTGCG
heiguo	TGAAACAAAAACGACTCATCGTGTCGCCCC-GCCCACCGCACCCACGCTCTGGGTCGCG
huangguobian	TGAAACAAAAACGACTCATCGTGTTGCCCC-GCCCACCGCGCCCACGCTCTGGGTCGCG
beifangbian	TGAAACGAAAACGACTCATCGCGTCGCCCCCCGCGCACCGCGCCCATGCTCTGGGTCGCG
zhongningheiguo	TGAAACAAAAACGACTCATCGTGTCGCCTCT-GCCCACCGCACCCACGCTCTAGGTCGCG
meiguo	TGAAACGAAAACGACTCATCGCGTCGCCCC-GCGCACCGCTCTCGCG------------
Atropa_belladonna	GAAACGAAAATGACTCATCTCGTCGCCCCC-GCACGCCTCGCCCGTACTACGGGATGCG

　　　　　　　＊ ＊ ＊ ＊　 ＊ ＊　 ＊ ＊ ＊ ＊ ＊ ＊ ＊　 ＊ ＊ ＊ ＊ ＊　 ＊ ＊ ＊ ＊ ＊ ＊ ＊

changshu	GTGGTGTCGCGGGGCGGATATTAGCTTCCCGTACGCCTCGCGCTCGCGGCTGGCCTAAAT
Korea	GTGGCGTCGCGGGGCGGATATTAGCTTCCCGTACGCCTCGCGCTCGCGGCTGGCCTAAAT
qinghaihheiguo	GCGGTGTTGCGGGGCGAATACTCGCCTCCCGTGAGCCTCGCGCTCGCGGCTGGCCTAAAT
ningqi1	GTGGTGTCGCGGGGCGGATACTGGCCTCCCGTGCGCCTCGCGCTCGCGGCCGGCCTAAAT
zibing	GTGGTGTCGCGGGGCGGATACTGGCCTCCCGTGCGCCTCGCGCTCGCGGCCGGCCTAAAT
jiee	GTGGTGTCGCGGGGCGGATACTGGCCTCCCGTGCGCCTCGCGCTCGCGGCCGGCCTAAAT
zhutong	GTGGTGTCGCGGGGCGGATACTGGCCTCCCGTGCGCCTCGCGCTCGCGGCCGGCCTAAAT
xingjiang	GTGGTGTCGCGGGGCGGATATTAGCTTCCCGTACGCCTCGCGCTCGCGGCTGGCCTAAAT
yunnan	GTGGTGTCGCGGGGCGGATATTAGCTTCCCGTACGCCTCGCGCTCGCGGCTGGCCTAAAT
mansheng	GTGGTGTCGCGGGGCGGATATTAGCTTCCCGTACGCCTCGCGCTCGCGGCTGGCCTAAAT
hongzhi	GTGGTGTTGCGGGGCGGATATTAGCTTCCCGTGTGCCTCGCGCTCGCGGCTGGCTTAAAT
zhonguo	GTGGTGTCGCGGGGCGGATACTGGCCTCCCGTGCGCCTCGCGCTCGCGGCTGGCCTAAAT
heiguo	GTGGTGTCGCGGGGCGAATACTCGCCTCCCGTGAGCCTCGCGCTCGCGGCTGGCCTAAAT
huangguobian	GTGGTGTCGCGGGGCAAATACTCGCCTCCCGTGAGCCTCGCGCTCGCGGCTGGCCTAAAT
beifangbian	GTGGTGTCGCGGGGCGGATACTGGCCTCCCGTGCGCCTCGCGCTCGCGGCCGGCCTAAAT
zhongningheiguo	GTGGTGTCGCGGGGCGAATACTCGCCTCCCGTGAGCCCGCGCTCGCGGCTGGCCTAAAT
meiguo	-----GTCGCGGGGCGGAAACTGGCCTCCCGTGCGCCTCGCGCTCGCGGCTGGCCTAAAT
Atropa_belladonna	CCGTGTTGCGGGGCGGA-ACTGGCCTCCCGTGAGCCTTGAGCTCGCGGCTGGCCTAAAA

　　　　　 ＊ ＊ ＊ ＊ ＊ ＊ ＊ ＊　 ＊ ＊ ＊ ＊ ＊ ＊ ＊ ＊ ＊　 ＊ ＊ ＊　 ＊ ＊ ＊ ＊ ＊ ＊ ＊ ＊ ＊ ＊ ＊ ＊ ＊

changshu	GCGAGTCCACATCGATTGACGTCACGGCAAGTGGTGGTTATATCCCAACTTTTAAAGGGT

Korea	GCAAGTCCACATCGATGGACGTCACGGCAAGTGGTGGTTATATCCCAACTTTTAAAGGGT
qinghaihheiguo	ACGAGTCCACGTCGACGGACGTCACGGCAAGTGGTGGTTGTAACCCAACTCTCGAAGTGT
ningqi1	GCGAGTCCACGTCGACGGACGTCACGGCAAGTGGTGGTTGTAACCCAACTCTCGAAGTGT
zibing	GCGAGTCCACGTCGACGGACGTCACGGCAAGTGGTGGTTGTAACCCAACTCTCGAATTGT
jiee	GCGAGTCCACGTCGACGGACGTCACGGCAAGTGGTGGTTGTAACCCAACTCTCGAAGTGT
zhutong	GCGAGTCCACGTCGACGGACGTCACGGCAAGTGGTGGTTGTAACCCAACTCTCGAAGTGT
xingjiang	GCAAGTCCACATCGATGGACGTCACGGCAAGTGGTGGTTATATCCCAACTTTTAAAGGGT
yunnan	GCGAGTCCACATCGATGGACGTCACGGCAAGTGGTGGTTATATCCCAACTTTTAAAGGGT
mansheng	GCGAGTCCACATCGATGGACGTCACGGCAAGTGGTGGTTATATCCCAACTTTTAAAGGGT
hongzhi	ATGAGTCCACATCGATGGACGTCACGGCAAGTGGTCGTTATATCCCAACTCTCAAAGGGT
zhonguo	GAGAGTCCACGTCGACGGACGTCACGGCAAGTGGTGGTTGTAACCCAACTCTCGAAGTGT
heiguo	ACGAGTCCACGTCGACGGACGTCACGGCAAGTGGTGGTTGTAACCCAACTCTTGAAGTGT
huangguobian	ACGAGTCCACGTCGACAGACGTCACGGCAAGTGGTGGTTGTAACCCAACTCTTGAAGTGT
beifangbian	GCGAGTCCACGTCGACGGACGTCACGGCAAGTGGTGGTTGTAACCCAACTCTCGAAGTGT
zhongningheiguo	ACGAGTCCACGTCGACGGACATCACGGCAAGTGGTGGTTGTAACCCAACTCTCGAAGTGT
meiguo	GCGAGTCCACGTCGACGGACGTCACGGCAAGTGGTGGTTGTAACCCAACTCTCGAAGTGT
Atropa_belladonna	AGGGTCCACGTCGACGGACGTCGCGGCAATTGGTGGTTGTGAACCAACTCTCATAATGC

      * * * * * * * * * *   * * *   * *   * * * * * *   * * * * * * *   *   * * * * * * *   *   *   *

changshu	CGTGGCTATACCCCATCGCGCGTTTTGCCTCCCAGACACTTCTTGCGCTTAGGCGCTCCG
Korea	CGTGGCTATACCCCATCGCGCGTTTGGCCTCCCAGACACTTCTTGCGCTTAGGCGCTCCG
qinghaihheiguo	CGTGGCTATGCCCCGTCGCGCGTTTGGCCTCCCTGACCCTTCTCGCGCTTAGGCGCTCCG
ningqi1	CGTGGCCATACCCCGTCGCGCGTTTGGCCTCCCGGACCCTTCTTGCGCTTAGGCGCTCCG
zibing	CGTGGCCATACCCCGTCGCGCGTTTGGCCTCCCGGACCCTTCTCGCGCTTAGGCGCTCCG
jiee	CGTGGCCATACCCCGTCGCGCGTTTGGCCTCCCGGACCCTTCTTGCGCTTAGGCGCTCCG
zhutong	CGTGGCCATACCCCGTCGCGCGTTTGGCCTCCCGGACCCTTCTTGCGCTTAGGCGCTCCG
xingjiang	CGTGGCTATACCCCATCGCGCGTTTGGCCTCCCAGACACTTCTTGCGCTTAGGCGCTCCG
yunnan	CGTGGCTATACCCCATCGCGCGTTTGGCCTCCCAGACACTTCTTGCGCTTAGGCGCTCCG
mansheng	CGTGGCTATACCCCATCGCGCGTTTGGCCTCCCAGACACTTCTTGCGCTTAGGCGCTCCG
hongzhi	CGTGGCTATACCCCATCGCGCGTTTGGCCTCCCAGACACTTCTTGCGCTTAGGCGCTCCG
zhonguo	CGTGGCTATGCCCCGTCGCGCGTTTGGCCTCCCAGACCCTTCTTGCGCTTAGGCGCTCCG
heiguo	CGTGACTATGCCCCGTCGCGCGTTTGGCCTCCCGGACCCTTCTCGCGCTTAGGCGCTCCG
huangguobian	CGTGGCTATGCCCCGTCGCGCGTTTGGCCTCCCGGACCCTTCTCGCGCTTAGGCGCTCCG
beifangbian	CGTGGCCATACCCCGTCGCGCGTTTGGCCTCCCGGACCCTTCTCGCGCTTAGGCGCTCCG
zhongningheiguo	CGTGGCTATGCCCCGTCGCGCGTTTGGCCTCCCGGACCCTTCTCGCGCTTAGGCGCTCCG

meiguo   CGTGGCTATACCCCGTCGCGCGTTTGGCCTCCCAGACCCTTCTCGCGCTTAGGCGCTCCG

Atropa_belladonna GCGGCAGGAGCCCGTCGTGCGTTCGGACTCCCAGACCCTCTCCACGCTAAGGCGCTTCG

       * * *   * * * * * * * * *   * * * * * * * * * *   * * * * * * * * * * * *

changshu	AC
Korea	AC
qinghaihheiguo	AC
ningqi1	AC
zibing	AC
jiee	AC
zhutong	AC
xingjiang	AC
yunnan	AC
mansheng	AC
hongzhi	AC
zhonguo	AC
heiguo	AC
huangguobian	AC
beifangbian	AC
zhongningheiguo	AC
meiguo	AC
Atropa_belladonna	AC

                * *

图 3-1 序列对位排列图

Fig3-1 Multiple sequences alignment

3.1.2 ITS 区序列长度和变异信息

中国分布枸杞属不同种植物中，整个 ITS 序列长度变异范围为 603 ~ 632bp，平均为 624bp。整个 ITS1 序列长度变异范围为 225 ~ 253bp，平均为 247bp。整个 5.8SnrDNA 序列长度变异范围都为 154bp。整个 ITS2 序列长度变异范围为 207 ~ 225bp，平均为 223bp。ITS 区和分区长度及 G + C 含量变异如表 3-1。中国分布枸杞属不同种植物 ITS 序列特征如表 3-2 所示。

表 3-1 中国分布枸杞属不同种植物的 ITS 区序列长度和 G + C 含量

Table3-1 Lengths(bp)and G + C content of ITS1, 5.8S rDNA and ITS2 of Lycium

名称	学名	*ITS1*(*bp*) (*G + C*)%	5.8*S*(*bp*) (*G + C*)%	*ITS2*(*bp*) (*G + C*)%	ITS 区总长(bp) (G + C)%
changshu		250(59.2)	154(51.3)	224(60.7)	628(57.8)
Korea		250(59.2)	154(52.6)	224(61.6)	628(58.4)
qinghaiheiguo	*L. ruthenicum*	225(63.5)	154(50.7)	224(66.6)	603(61.4)
ningqi1	*L. barbarum*	252(68.3)	154(55.8)	225(69.3)	631(65.6)
zibing		252(69)	154(55.8)	225(68.9)	631(65.8)
jiee	*L. truncatum*	251(68.6)	154(55.8)	225(69.3)	630(65.7)
zhutong	*L. cylindricum*	253(69.6)	154(55.8)	225(69.3)	632(66.1)
xingjiang	*L. dasystemum*	250(59.6)	154(52.6)	224(61.1)	628(58.4)
yunnan	*L. yunnanense*	250(59.6)	154(52)	224(61.6)	628(58.4)
mansheng		250(59.6)	154(52.6)	224(62.1)	628(58.8)
hongzhi	*L. dasystemum.* *var. rubricaulium*	250(59.6)	154(52.6)	224(60.7)	628(58.3)
zhongguo	*L. chinense*	251(68.5)	154(55.8)	224(67)	629(64.9)
heiguo	*L. ruthenicum*	253(68.3)	154(55.8)	224(66.5)	631(64.7)
huangguobian	*L. barbarum* *varauranticarpum*	238(63.9)	154(51.9)	224(66.1)	616(61.7)
beifangbian	*L. chinense var.* *potaninii*	251(69)	154(55.8)	225(69.8)	630(66)
zhongningheiguo	*L. ruthenicum*	225(62.6)	154(50.7)	224(66.1)	603(60.9)
meiguo		250(69.6)	154(56.5)	207(68.1)	611(65.8)
Average for all		247(64.6)	154(53.8)	223(65.6)	624(62.3)

表 3-2 17 种枸杞属植物 ITS 区序列特征

Table3-2 The charater of ITS sequence of 17 species of *Lycium*

sequence	Conserved sites(%)	Variable sites(%)	Information sites(%)	Singleton sites(%)	Si/sv
ITS1	152/255(59.6)	103/255(40.4)	25/255(9.8)	78/255(30.6)	51/32
ITS2	136/225(60.4)	89/225(39.6)	18/225(8)	71/225(31.6)	54/26
total	288/480(60)	192/480(40)	43/480(9)	149/480(31)	105/58

整个 ITS 区排序后的总长度为 634bp，其中 ITS1，5.8S 和 ITS2 排序后的长度分别为 255bp，154bp 和 225bp。将 gap（空位）作 missing（缺失）处理时，由于 5.8SDNA 序列过于保守，不适于用作系统发育分析，因而在本研究中利用 ITS1 和 ITS2 区序列进行统计发育分析。整个转录间隔区（ITS1 十 ITS2）对位排列后总长度为 480bp，共有 192 个变异位点，变异位点分别为 103 和 89 个，占 40%；保守位点 288，占 60.0%；有 43 个信息位点，占 9%，105 个转换位点，58 个颠换位点，其中 ITS1 区的信息位点所占比例略高于 ITS2 区，而 ITS2 区的转换/颠换比值高于 ITS1 区。

3.1.3　系统发育分析

将对位排列后的序列导入 MEGA4.0，选择 *Atropa belladonna*，*Jaborosa integrifolia*，*Nolana arenicola* I. M. Johnst. 作为外类群（参考 JILL S. MILLER 选取的外类群），用邻位相接法（NJ）进行聚类分析所得系统树为有根树，能够体现出各类群间的系统发育关系，如图 3-2，系统树分支上的数字为 Bootstrap 重复抽样检验得出的分支支持率（自展支持率）。

3.1.4　讨论

从聚类图中可以看出，各分支内部，具有较高的自展支持率，这一点表明，依据 ITS 序列差异对枸杞属下类群的划分，可以较好的支持依形态进行的属内类群的划分，但是属内各分支间的关系与传统的依形态特征确定的关系存在较大的差异。

枸杞属的起源，根据聚类图说明，采自美国的种质材料与国产枸杞属的 ITS 序列差异最为明显，由于材料数量的限制，初步认为中国分布枸杞属不同种与美国分布枸杞属种质基于 ITS 序列分析，亲缘关系较远，自展支持率60%，形成各自独特的起源和分布中心。

基于 ITS 序列差异划分黑果枸杞与其它种属于不同分支，与其依果实颜色形态进行的属内类群的划分基本一致，而且采自不同地

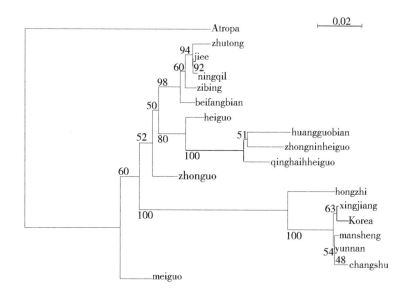

图 3-2　NJ 聚类图

Fig3-2　NJ TREE

Noof Taxa 18：Gap/Missing data：Pairwise Deletion；Codon Positions：Noncoding；

Distance method：Nucleotide：Kimura 2 – parameter(pairwise distance)；Tree mak-

ing method：Neighbor jiining；No. of site ：464；No. of Bootstrap replication = 1000；

SBL = 0. 17116118。

域(青海省、宁夏中宁、宁夏银川)的黑果枸杞聚在一起，说明 ITS
对于不同种的划分是有效的。

　　基于 ITS 序列差异将采自常熟、蔓生、云南、韩国的枸杞聚在
一起，与其它种属于不同分支，与其依树体和枝条形态进行的属内
类群的划分基本一致。

　　基于 ITS 序列差异，认为将黄果枸杞划分为宁夏枸杞的变种和
北方枸杞划分为中国枸杞的变种值得商榷，笔者认为它们之间基于
ITS 序列差异分析，应该提升到种这一分类阶梯，而不是变种。

3.2　宁夏枸杞(*Lycium barbarum*)种内不同种质系统发育分析

3.2.1　实验测得宁夏枸杞种内不同种质植物 ITS 区序列分析

　　利用 DNA MAN 将实验测得的 ITS 序列与 NCBI 数据库中已发表的 ITS 序列进行同源性比较，分别确定出 ITS1、5.8S 及 ITS2 序列片段。运用 DNA MAN 软件对所测得的序列进行对位排列结果如图3-3。将对位排列后的数据导入系统发育分析软件 MEGA4.0 对序列进行统计和分支分析。

CLUSTAL multiple sequence alignment

ningxiahuangguo	CGAAACCTGCACAGCAGAACGACCCGCGAACGCGTTTCAACACTGGGGAGCCGGGGGGGG
leihuangye	CGAAACCTGCACAGCAGAACGACCCGCGAACGCGTTTCAACACTGGGGAGCCGCGCGGGC
damaye	CGAAACCTGCACAGCAGAACGACCCGCGAACGCGTTTCAACACTGGGGAGCCGCGCGGGC
ningqi2	CGAAACCTGCAGAGCAGAATGACTCGCGAAAATGTTTAAAAACTGGGGAGCCGTGCGGGC
xiaomaye	CGAAACCTGCACAGCAGAACGACCCGCGAACGCGTTTCAACACTGGGGAGCCGCGCGGGC
buyuxi	CGAAACCTGCACAGCAGAACGACCCGCGAACGCGTTTCAACACTGGGGAGCCGCGCGGTC
ningqi1	CGAAACCTGCACAGCAGAACGACCCGCGAACGCGTTTCAACACTGGGGAGCCGCGCGGGC
240	CGAAACCTGCACAGCAGAACGACCCGCGAACGCGTTTCAACACTGGGGAGCCGCGCGGGC
baitiao	CGAAACCTGCACAGCAGAACGACCCGCGAACGCGTTTCAACACTGGGGAGCCGCGCGGGC
jiantouyuangguo	CGAAACCTGCACAGCAGAACGACCCGCGAACGCGTTTCAACACTGGGGAGCCGCGCGGGC
yuanguo	CGAAACCTGCACAGCAGAACGACCCGCGAACGCGTTTCAACACTGGGGAGCCGCGCGGGC
heiyemaye	----------------CGAAACCTGCGAACGCGTTTCAACGCTAGGGAGCCGCGCGGGC
ningxiahuangye	CGAAACCTGCAGAGCAGAATGACTCGCGAAAATGTTTAAAAACTGGGGAGCCGTGCGGGC
baihua	CGAAACCTGCAGAGCAGAATGACTCGCGAAAATGTTTAAAAACTGGGGAGCCGTGCGGGC
9001	CGAAACCCGCACAGCAGAACGACCCGCGAACGCGTTTCAACACTGGGGAGCCGCGCGGGC
9601	CGAAACCTGCACAGCAGAACGACCCGCGAACGCGTTTCAACGCTAGGGAGCCGCGCGGGC
88028	CGAAACCTGCAGAGCAGAATGACTCGCGAAAATGTTTAAAAACTGGGGAGCCGTGCGGGC
88024	CGAAACCTGCGCAGCAGAACGACCCGCGAACGCGTTTCAACACTGGGGAGCCGCGCGGGC
beifangbian	CGAAACCTGCACAGCAGAACGACCCGCGAACGCGTTTCAACACTGGGGAGCCGCGCGGGC

　　*   *   * * * * *   * * * * *   * * * * * * * * * * * *

ningxiahuangguo	CGGGGGGGCTTCGGCCCCCCGTG-GTGCGGGTCTTCCCCCCCCTGTCCCGGCGCGCGCGC
leihuangye	--GGGGTGCTTCGGCCCCCCGTGTGCGCG---TCTCCCCCCTCGTCCCCGGCGCGCGCGC
damaye	--GGGGTGCTTCGGCCCCCCGTGTGCGC--GTCTCCCCCCCTCGTCCCCGGCGCGCGCGC
ningqi2	--AAGGTGCTTCGACCCCTTGTGCGTGCG----TCTCCCCCCCGTTCCCGGCAC------
xiaomaye	--GGGGTGCTTCTGCCCCCCGTGTGCACG----TCTCCCCCTCGTCCCCGGCGCGCGCGC
buyuxi	--GGGGTGCTTCGGCTCTTCGGT-------------CCCCCTCGTCCCCGGCGCGCGCGC
ningqi1	--GGGGTGCTTCGGCCCCCCGTGTGCGC--GTCTCCCCCCCTCGTCCCCGGCGCGCGCGC
240	--GGGGTGCTTCGGCCCCCCGTGCGCGCG---TCTCCCCCTCGTCCCCGGCGCGCGCGC
baitiao	--GGGGTGCTTCGGCCCCCCGTGTGCGCG---TCTCCCCCTCGTCCCCGGCGCGCGCGC
jiantouyuangguo	--GGGGTGCTTCGGCCCCCCGTGTGCGCG---TCTCCCCCTCGTCCCCGGCGCGCGCGC
yuanguo	--GGGGTGCTTCGGCCCCCCGTGTGCGCG---TCTCCCCCTCGTCCCCGGCGCGCGCGC
heiyemaye	--GGGGTGCTTCGGTCCCTGGTGCGTGCG----TCTCCCCCTCATCCCCGGCGCGCGC--
ningxiahuangye	--AAGGTGCTTCGACCCCTTGTGCGTGCG----TCTCCCCCCCGTTCCCGGCAC------
baihua	--AAGGTGCTTCGACCCCTTGTGCGTGCG----TCTCCCCCCCGTTCCCGGCAC------
9001	--GGGGTGCTTCGGCCCCCCGTGCGCGC-GTCTTCCCCCCCTCGTCCCGGCGCGCGCGC
9601	--GGGGTGCTTCGGTCCCTGGTGCGTGCG----TCTCCCCCTCATCCCCGGCGCGCGC--
88028	--AAGGTGCTTCGACCCCTTGTGCGTGCG----TCTCCCCCCCGTTCCCGGCAC------
88024	--GGGGTGCTTCGGCCCCCCGTGCGCGCCGTCTTCCCCCCCCTCGTCCCGGCGCGCGCGC
beifangbian	--GGGGTGCTTCGGCCCCCCGTGCGCGCG---TATCCCCCTCGTCCCCGGCGCGCGCGC

　　　　* * * * * *　　*　*　　　　* * * * *　　* * * * * * *　.

ningxiahuangguo	CCGCGCGCGCGTCGGGTGACTAACGAACCCCGGCGCGAAAAGCGCCAAGGAATACTTAAA
leihuangye	CCGCGCGCGCGTCGGGTGACTAACGAACCCCGGCGCGAAAAGCGCCAAGGAATACTTAAA
damaye	CCGCGCGCGCGTCGGGTGACTAACGAACCCCGGCGCGAAAAGCGCCAAGGAATACTTAAA
ningqi2	--CAAGGAATACTTAAA
xiaomaye	CCGCGCGCGCGTCGGGTGACTAACGAACCCCGGCGCGAAAAGCGCCAAGGAATACTTAAA
buyuxi	CCGCGCGCGCGTCGGGTGACTAACGAACCCCGGCGCGAAAAGCGCCAAGGAATACTTAAA
ningqi1	CCGCGCGCGCGTCGGGTGACTAACGAACCCCGGCGCGAAAAGCGCCAAGGAATACTTAAA
240	CCGCGCGCGCGTCGGGTGACTAACGAACCCCGGCGCGAAAAGCGCCAAGGAATACTTAAA
baitiao	CCGCGCGCGCGTCGGGTGACTAACGAACCCCGGCGCGAAAAGCGCCAAGGAATACTTAAA
jiantouyuangguo	CCGCGCGCGCGTCGGGTGACTAACGAACCCCGGCGCGAAAAGCGCCAAGGAATACTTAAA
yuanguo	CCGCGCGCGCGTCGGGTGACTAACGAACCCCGGCGCGAAAAGCGCCAAGGAATACTTAAA
heiyemaye	-----------CGGATGACTAACAAACCCCGGCGCGAAAAGCGCCAAGGAATGCTTAAA
ningxiahuangye	--CAAGGAATACTTAAA

```
baihua        --------------------------------------------CAAGGAATACTTAAA

9001          CCGCGCGCGCGTCGGGTGACTAACGAACCCCGGCGCGAAAAGCGCCAAGGAATACTTAAA

9601          ------------CGGATGACTAACAAACCCCGGCGCGAAAAGCGCCAAGGAATGCTTAAA

88028         --------------------------------------------CAAGGAATACTTAAA

88024         CCGCGCGCGCGTCGGGTGACTAACGAACCCCGGCGCGAAAAGCGCCAAGGAATACTTAAA

beifangbian   CCGCGCGCGCGTCGGGTGACTAACGAACCCCGGCGCGAAAAGCGCCAAGGAATACTCAAA

              * * * * * * * * * * *
```

```
ningxiahuangguo   TTGATAGCCTGCCTCTCGCGCCCCGTCCGCGGTGCGCGCGGGAGGGCCTGTGCTTCTCTT

leihuangye        TTGATAGCCTGCCTCTCGCGCCCCGTCCGCGGTGCGCGCGGGAGGGCCTGTGCTTCTCTT

damaye            TTGATAGCCTGCCTCTCGCGCCCCGTCCGCGGTGCGCGCGGGAGGGCCTGTGCTTCTCTT

ningqi2           TTGATAGCCTGCCTCTCACGCCCCGTCCGCAGTGCGTGCAGGAGGACCTGTGCTTCTTTT

xiaomaye          TTGATAGCCTGCCTCTCGCGCCCCGTCCGCGGTGCGCGCGGGAGGGCCTGTGCTTCTCTT

buyuxi            TTGATAGCCTGCCTCTCGCGCCCCGTCCGCGGTGCGCGCGGGAGGGCCTGTGCTTCTCTT

ningqi1           TTGATAGCCTGCCTCTCGCGCCCCGTCCGCGGTGCACGCGGGAGGGCCTGTGCTTCTCTT

240               TTGATAGCCTGCCTCTCGCGCCCCGTCCGCGGTGCGCGCGGGAGGGCCTGTGCTTCTCTT

baitiao           TTGATAGCCTGCCTCTCGCGCCCCGTCCGCGGTGCGCGCGGGAGGGCCTGTGCTTCTCTT

jiantouyuangguo   TTGATAGCCTGCCTCTCGCGCCCCGTCCGCGGTGCGCGCGGGAGGGCCTGTGCTTCTCTT

yuanguo           TTGATAGCCTGCCTCTCGCGCCCCGTCCGCGGTGCGCGCGGGAGGGCCTGTGCTTCTCTT

heiyemaye         TTGATAGCCTGC-TCTCGCGCCCCGTCCGCGGTGCGCGCGGGAGGACCTGCGCTTCTCTT

ningxiahuangye    TTGATAGCCTGCCTCTCACGCCCCGTCCGCAGTGCGTGCAGGAGGACCTGTGCTTCTTTT

baihua            TTGATAGCCTGCCTCTCACGCCCCGTCCGCAGTGCGTGCAGGAGGACCTGTGCTTCTTTT

9001              TTGATAGCCTGCCTCTCGCGCCCCGTCCGCGGTGCGCGCGGGAGGGCCTGTGCTTCTCTT

9601              TTGATAGCCTGC-TCTCGCGCCCCGTCCGCGGTGCGCGCGGGAGGACCTGCGCTTCTCTT

88028             TTGATAGCCTGCCTCTCACGCCCCGTCCGCAGTGCGTGCAGGAGGACCTGTGCTTCTTTT

88024             TTGATAGCCTGCCTCTCGCGCCCCGTCCGCGGTGCGCGCGGGAGGGCCTGTGCTTCTCTT

beifangbian       TTGATAGCCTGCCTCTCGCGCCCCGTCCGCGGTGCGCGCGGGAGGGCCTGTGCTTCTCTT

              * * * * * * * * * * * * * * * * * * * * * * * * * *  * * * * * * * * * * * * * * * * * *
```

```
ningxiahuangguo   GAAAC-AGAAACGACTCATCGCGTCGCCCCCCGCGCACCGCGCCCATGCTCTGGGTCGCG

leihuangye        GAAAC-AGAAACGACTCATCGCGTCGCCCCCCGCGCACCGCGCCCATGCTCTGGGTCGCG

damaye            GAAAC-AGAAACGACTCATCGCGTCGCCCCCCGCGCACCGCGCCCATGCTCTGGGTCGCG

ningqi2           AAAAC--AAAACGACTCATCGCGTTGTCCCC-GCACACCGCGCCCAGACTCTGGGTCATA

xiaomaye          GAAAC-AGAAACGACTCATCGCGTCGCCCCCCGCGCACCGCGCCCATGCTCTGGGTCGCG
```

buyuxi   GAAAC-AAAAACGACTCATCGCGTCGCCCCCCGCACACCGCGCCCATGCTCTGGGTCGCG

ningqi1   GAAAC-AGAAACGACTCATCGCGTCGCCCCCCGCGCACCGCGCCCATGCTCTGGGTCGCG

240   GAAAC-AGAAACGACTCATCGCGTCGCCCCCCGCACACCGCGCCCATGCTCTGGGTCGCG

baitiao   GAAAC-AGAAACGACTCATCGCGTCGCCCCCCGCGCACCGCGCCCATGCTCTGGGTCGCG

jiantouyuangguo   GAAAC-AGAAACGACTCATCGCGTCGCCCCCCGCGCACCGCGCCCATGCTCTGGGTCGCG

yuanguo   GAAAC-AGAAACGACTCATCGCGTCGCCCCCCGCGCACCGCGCCCATGCTCTGGGTCGCG

heiyemaye   GAAACTAAAAATGACTCATCGCATCACCCCC-GTACACCGCGCCCATA-TCTCTGTCGTG

ningxiahuangye   AAAAC--AAAACGACTCATCGCGTTGTCCCC-GCACACCGCGCCCAGACTCTGGGTCATA

baihua   AAAAC--AAAACGACTCATCGCGTTGTCCCC-GCACTCCGCGCCCAGACTCTGGGTCATA

9001   GAAAC-AGAATCGACTCATCGCGTCGCCCCCCGCGCACCGCGCCCATGCTCTGGGTCGCG

9601   GAAACTAAAAATGACTCATCGCATCACCCCC-GTACACCGCGCCCATA-TCTCTGTCGTG

88028   AAAAC--AAAACGACTCATCGCGTTGTCCCC-GCACACCGCGCCCAGACTCTGGGTCATA

88024   GAAAC-AGAAACGACTCATCGCGTCGCCCCCCGCGCACCGCGCCCATGCTCTGGGTCGCG

beifangbian   GAAAC-GAAAACGACTCATCGCGTCGCCCCCCGCGCACCGCGCCCATGCTCTGGGTCGCG

　　　　　　　　　　* * *　　* *　* * * * * * * * *　*　　* * * *　*　* * * * * * * *　* * *　* * *

ningxiahuangguo   GTG-GTGTCGCGGGGCGGATACTGGCCTCCCGTGCGCCTCGCGCTCGCGGCCGGCCTAAA

leihuangye   GTG-GTGTCGCGGGGCGGATACTGGCCTCCCGTGCGCCTCGCGCTCGCGGCCGGCCTAAA

damaye   GTG-GTGTCGCGGGGCGGATACTGGCCTCCCGTGCGCCTCGCGCTCGCGGCCGGCCTAAA

ningqi2   GTG-GTGTCGTGGGGCAGACTCTGGTCTTCCG----------------GCTAGCCTAAA

xiaomaye   GTG-GTGTCGCGGGGCGGATACTGGCCTCCCGTGCGCCTCGCGCTCGCGGCCGGCCTAAA

buyuxi   GTG-GTGTCGCGGGGCGGATACTGGCCTCCCGTGCGCCTCGCGCTCGCGGCCGGCCTAAA

ningqi1   GTG-GTGTCGCGGGGCGGATACTGGCCTCCCGTGCGCCTCGCGCTCGCGGCCGGCCTAAA

240   GTG-GTGTCGCGGGGCGGATACTGGCCTCCCGTGCGCCTCGCGCTCGCGGCCGGCCTAAA

baitiao   GTG-GTGTCGCGGGGCGGATACTGGCCTCCCGTGCGCCTCGCGCTCGCGGCCGGCCTAAA

jiantouyuangguo   GTG-GTGTCGCGGGGCGGATACTGGCCTCCCGTGCGCCTCGCGCTCGCGGCCGGCCTAAA

yuanguo   GTG-GTGTCGCGGGGCGGATACTGGCCTCCCGTGCGCCTCGCGCTCGCGGCCGGCCTAAA

heiyemaye   GTGCATGTCGCGGGTTAGATACTGGCCTCCCGTTCGCCTCGCGCTCGCGGCTGGCCTAAA

ningxiahuangye   GTG-GTGTCGTGGGGCAGACTCTGGTCTTCCG----------------GCTAGCCTAAA

baihua   GTG-GTGTCGTGGGGCAGACTCTGGTCTTCCG----------------GCTAGCCTAAA

9001   GTG-GTGTCGCGGGGCGGATACTGGCCTCCCGTGCGCCTCGCGCTCGCGGCCGGCCTAAA

9601   GTGCATGTCGCGGGTTAGATACTGGCCTCCCGTTCGCCTCGCGCTCGCGGCTGGCCTAAA

88028   GTG-GTGTCGTGGGGCAGACTCTGGTCTTCCG----------------GCTAGCCTAAA

88024   GTG-GTGTCGCGGGGCGGATACTGGCCTCCCGTGCGCCTCGCGCTCGCGGCCGGCCTAAA

beifangbian	GTG-GTGTCGCGGGGCGGATACTGGCCTCCCGTGCGCCTCGCGCTCGCGGCCGGCCTAAA
	＊＊　＊＊＊＊＊＊＊＊　＊＊　＊＊＊＊＊＊＊＊＊　　　＊＊　＊＊＊＊＊＊＊

ningxiahuangguo	TGCGAGTCCACGTCGACGGACGTCACGGCAAGTGGTGGTTGTAACCCAACTCTCGAAGTG
leihuangye	TGCGAGTCCACGTCGACGGACGTCACGGCAAGTGGTGGTTGTAACCCAACTCTCGAAGTG
damaye	TGCGAGTCCACGTCGACGGACGTCACGGCAAGTGGTGGTTGTAACCCAACTCTCGAAGTG
ningqi2	TGTGAGTCCACTTCGACGGACGTCACGGCAAGTGGTGGTTGTAACCCAACTCTAGAAGTG
xiaomaye	TGCGAGTCCACGTCGACGGACGTCACGGCAAGTGGTGGTTGTAACCCAACTCTCGAAGTG
buyuxi	TGCGAGTCCACGTCGACGGACGTCACGGCAAGTGGTGGTTGTAACCCAACTCTCGAAGTG
ningqi1	TGCGAGTCCACGTCGACGGACGTCACGGCAAGTGGTGGTTGTAACCCAACTCTCGAAGTG
240	TGCGAGTCCACGTCGACGGACGTCACGGCAAGTGGTGGTTGTAACCCAACTCTCGAAGTG
baitiao	TGCGAGTCCACGTCGACGGACGTCACGGCAAGTGGTGGTTGTAACCCAACTCTCGAAGTG
jiantouyuangguo	TGCGAGTCCACGTCGACGGACGTCACGGCAAGTGGTGGTTGTAACCCAACTCTCGAAGTG
yuanguo	TGCGAGTCCACGTCGACGGACGTCACGGCAAGTGGTGGTTGTAACCCAACTCTCGAAGTG
heiyemaye	TGTGAGTCTACGTCGACGGACGTCATGGCAAGTGGTGGTTGTAACCCAACTCTCGAAGTG
ningxiahuangye	TGTGAGTCCACTTCGACGGACGTCACGGCAAGTGGTGGTTGTAACCCAACTCTAGAAGTG
baihua	TGTGAGTCCACTTCGACGGACGTCACGGCAAGTGGTGGTTGTAACCCAACTCTAGAAGTG
9001	TGCGAGTCCACGTCGACGGACGTCACGGCAAGTGGTGGTTGTAACCCAACTCTCGAAGTG
9601	TGTGAGTCCACGTCGACGGACGTCATGGCAAGTGGTGGTTGTAACCCAACTCTCGAAGTG
88028	TGTGAGTCCACTTCGACGGACGTCACGGCAAGTGGTGGTTGTAACCCAACTCTAGAAGTG
88024	TGCGAGTCCACGTCGACGGACGTCACGGCAAGTGGTGGTTGTAACCCAACTCTCGAAGTG
beifangbian	TGCGAGTCCACGTCGACGGACGTCACGGCAAGTGGTGGTTGTAACCCAACTCTCGAAGTG
	＊＊　＊＊＊＊＊　＊＊　＊＊＊＊＊＊＊＊＊＊＊＊＊　＊＊＊＊＊＊＊＊＊＊＊＊＊＊＊＊＊＊＊＊＊＊＊＊＊＊＊＊＊＊　＊＊＊＊＊＊

ningxiahuangguo	TCGTGGCCATACCCCGTCGCGCGTTTGGCCTCCCGGACCCTTCTTGCGCTTAGGCGCTCC
leihuangye	TCGTGGCCATACCCCGTCGCGCGTTTGGCCTCCCGGACCCTTCTTGCGCTTAGGCGCTCC
damaye	TCGTGGCCATACCCCGTCGCGCGTTTGGCCTCCCGGACCCTTCTTGCGCTTAGGCGCTCC
ningqi2	TCGTGGCTATACCCCGTCGCACGTTTGGCCTCCTAGACCCTTCTTGTGCTTAGGCGCTCT
xiaomaye	TCGTGGCCATACCCCGTCGCGCGTTTGGCCTCCCGGACCCTTCTCGCGCTTAGGCGCTCC
buyuxi	TCGTGGCCATACCCCGTCGCGCGTTTGGCCTCCCGGACCCTTCTTGCGCTTAGGCGCTCC
ningqi1	TCGTGGCCATACCCCGTCGCGCGTTTGGCCTCCCGGACCCTTCTTGCGCTTAGGCGCTCC
240	TCGTGGCCATACCCCGTCGCGCGTTTGGCCTCCCGGACCCTTCTCGCGCTTAGGCGCTCC
baitiao	TCGTGGCCATACCCCGTCGCGCGTTTGGCCTCCCGGACCCTTCTTGCGCTTAGGCGCTCC
jiantouyuangguo	TCGTGGCCATACCCCGTCGCGCGTTTGGCCTCCCGGACCCTTCTTGCGCTTAGGCGCTCC

yuanguo	TCGTGGCCATACCCCGTCGCGCGTTTGGCCTCCCGGACCCTTCTTGCGCTTAGGCGCTCC
heiyemaye	TCGTGGCTATACCTCGTCGCGCGTTTGGCCTCCCAGACCCTTCTTGCGCTTAGACGCTCT
ningxiahuangye	TCGTGGCTATACCCCGTCGCACGTTTGGCCTCCTAGACCCTTCTTGTGCTTAGGCGCTCT
baihua	TCGTGGCTATACCCCGTCGCACGTTTGGCCTCCTAGACCCTTCTTGTGCTTAGGCGCTCT
9001	TCGTGGCCATACCCCGTCGCGCGTTTGGCCTCCCGGACCCTTCTTACGCTTAGGCGCTCC
9601	TCGTGGCTATACCTCGTCGCGCGTTTGGCCTCCCAGACCCTTCTTGCGCTTAGACGCTCT
88028	TCGTGGCTATACCCCGTCGCACGTTTGGCCTCCTAGACCCTTCTTGTGCTTAGGCGCTCT
88024	TCGTGGCCATACCCCGTCGCGCGTTTGGCCTCCCGGACCCTTCTTGCGCTTAGGCGCTCC
beifangbian	TCGTGGCCATACCCCGTCGCGCGTTTGGCCTCCCGGACCCTTCTCGCGCTTAGGCGCTCC

* *

ningxiahuangguo	GACGA
leihuangye	GAC--
damaye	GAC--
ningqi2	GAT--
xiaomaye	GAC--
buyuxi	GAC--
ningqi1	GAC--
240	GAC--
baitiao	GAC--
jiantouyuangguo	GAC--
yuanguo	GAC--
heiyemaye	GAC--
ningxiahuangye	GAT--
baihua	GAT--
9001	GAC--
9601	GAC--
88028	GAT--
88024	GAC--
beifangbian	GAC--

* *

图 3-3 序列对位排列图

Fig3-3 Multiple sequences alignment

3. 2. 2　ITS 区序列长度和变异信息

　　宁夏枸杞(*Lycium barbarum*)种内不同种质植物中，整个 ITS 序列长度变异范围为 559 ~ 634bp，平均为 612bp。整个 ITS1 序列长度变异范围为 198 ~ 255bp，平均为 237bp。整个 5. 8SnrDNA 序列长度变异范围都为 154bp。整个 ITS2 序列长度变异范围为 207 ~ 225bp，平均为 221bp。ITS 区和分区长度及 G + C 含量变异如表 3-3。宁夏枸杞种不同种质植物 ITS 序列特征如表 3-4 所示。

表 3-3　宁夏枸杞(*Lycium barbarum*)种内不同种质植物的 ITS 区序列长度和 G + C 含量

Table3-3　Lengths(bp)and G + C content of ITS1, 5. 8S rDNA and

ITS2 of *Lycium barbarum* L.

名称	中文名	ITS1(*bp*) (*G* + *C*)%	5. 8*S*(*bp*) (*G* + *C*)%	ITS2(*bp*) (*G* + *C*)%	ITS 区总长(*bp*) (*G* + *C*)%
ningxiahuangguo	宁夏黄果	255(69)	154(55. 8)	225(69. 3)	634(65. 9)
leihuangye	类黄叶	251(68. 6)	154(55. 8)	225(69. 3)	630(65. 7)
damaye	大麻叶	252(68. 6)	154(55. 8)	225(69. 3)	631(65. 8)
ningqi2	宁杞 2 号	198(55. 6)	154(51. 3)	207(58)	559(55. 3)
xiaomaye	小麻叶	250(67. 6)	154(55. 8)	225(69. 8)	629(65. 5)
buyuxi	不育系	241(66. 4)	154(55. 8)	225(68. 9)	620(64. 7)
ningqi1	宁杞 1 号	252(68. 3)	154(55. 8)	225(69. 3)	631(65. 6)
240	240	251(69)	154(55. 8)	225(69. 4)	630(65. 9)
baitiao	白条	251(68. 6)	154(55. 8)	225(69. 3)	630(65. 7)
jiantouyuangguo	尖头圆果	251(68. 6)	154(55. 8)	225(69. 3)	630(65. 7)
yuanguo	圆果	251(68. 6)	154(55. 8)	225(69. 3)	630(65. 7)
heiyemaye	黑叶麻叶	219(63. 9)	154(53. 3)	224(59. 8)	597(59. 6)
ningxiahuangye	宁夏黄叶	198(55. 6)	154(51. 3)	207(58)	559(55. 3)
baihua	白花	198(55. 6)	154(52)	207(58)	559(55. 5)
9001		253(69. 1)	154(55. 8)	225(68. 9)	632(65. 8)
9601		236(64)	154(53. 3)	224(60. 3)	614(59. 9)

（续）

名称	中文名	ITS1(*bp*) (*G*+*C*)%	5.8*S*(*bp*) (*G*+*C*)%	ITS2(*bp*) (*G*+*C*)%	ITS 区总长(*bp*) (*G*+*C*)%
88028		198(55.6)	154(51.3)	207(58)	559(55.3)
88024		254(69.3)	154(55.8)	225(69.3)	633(66)
Average for all		237(65.1)	154(54.6)	221(65.8)	612(62.7)

表 3-4　18 种枸杞属宁夏枸杞种植物 ITS 区序列特征

Table3-4　The charater of　ITS sequence of 14 species of *Lycium barbarum L*

sequence	Conserved sites(%)	Variable sites(%)	Information sites(%)	Singleton sites(%)	Si/sv
ITS1	121/255(47.5)	134/255(52.5)	25/255(9.8)	109/255(42.7)	37/24
ITS2	165/225(73.3)	60/225(26.7)	2/225(0.9)	58/225(25.8)	30/9
total	286/480(59.6)	194/480(40.4)	27/480(5.6)	167/480(34.8)	67/33

整个 ITS 区排序后的总长度为 634bp，其中 ITS1，5.8S 和 ITS2 排序后的长度分别为 255bp，154bp 和 225bp。将 gap(空位)作 missing(缺失)处理时，由于 5.8SDNA 序列过于保守，不适于用作系统发育分析，因而在本研究中利用 ITS1 和 ITS2 区序列进行统计发育分析。整个转录间隔区(ITS1 十 ITS2)对位排列后总长度为 480bp，共有 194 个变异位点，变异位点分别为 134 和 60 个，占 40.4%；保守位点 286，占 59.6%；有 27 个信息位点，占 5.6%，67 个转换位点，33 个颠换位点，其中 ITS1 区的信息位点所占比例高于 ITS2 区，而 ITS2 区的转换/颠换比值高于 ITS1 区。

3.2.3　系统发育分析

将对位排列后的序列导入 MEGA4.0，选择 Atropa belladonna，Jaborosa integrifolia，Nolana arenicola I. M. Johnst. 作为外类群(参考 JILL S. MILLER 选取的外类群)，用邻位相接法(NJ)进行聚类分析所得系统树为有根树，能够体现出各类群间的系统发育关系，如图 3-4，系统树分支上的数字为 Bootstrap 重复抽样检验得出的分支支持率(自展支持率)。

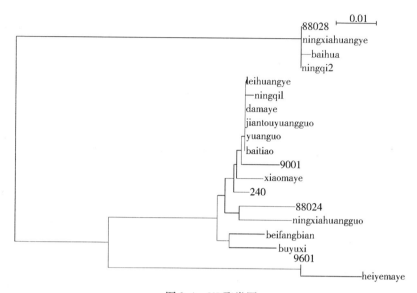

图 3-4　NJ 聚类图

Fig3-4　NJ TREE

No of Taxa 19：Gap/Missing data：Pairwise Deletion；Codon Positions：Noncoding；Distance method：Nucleotide：Kimura 2-parameter（pairwise distance）；Tree making method：Neighbor jiining；No. of site ：420；No. of Bootstrap replication = 1000；SBL = 0. 18326118。

3. 2. 4　讨论

从聚类图中可以看出，各分支内部，具有较高的自展支持率，这一点表明，依据 ITS 序列差异对枸杞属宁夏枸杞种下类群的划分，可以较好的支持依形态进行的种内类群的划分。

基于 ITS 序列研究表明，宁杞 1 号、大麻叶、尖头圆果、圆果、白条、类黄叶自展支持率达到 100%，很好地说明"宁杞 1 号"是从传统宁夏枸杞种大麻叶优系中选优得来的事实。

宁杞 2 号、白花、宁夏黄叶亲缘关系较近，与其它宁夏枸杞种材料关系较远，尤其是在品种鉴定中给出了 DNA 水平的鉴定标准。

不育系是从自然变异群体中获得的首个雄性不育材料，2010 年度宁夏林木品种审定委员会定名为"宁杞5号"，基于 ITS 序列分析，与"宁杞1号""宁杞2号"ITS 序列差异较为明显，与 88024 亲缘关系较近。

88028、88024 是四倍体，9001、9601 是三倍体。9001 是宁杞1号的同源三倍体，9601 是经过杂交得来的异源三倍体，88028，88024 是宁杞1号加倍得来，由于 ITS1 片段缺失，致使其自展支持率下降。说明基于 ITS 序列对种质多倍化起源分析是有效的。

3.3 基于 ITS 序列进行种间杂种真伪的早期鉴定

3.3.1 实验测得枸杞属不同种间杂种植物 ITS 区序列分析

利用 DNA MAN 将实验测得的 ITS 序列与 NCBI 数据库中已发表的 ITS 序列进行同源性比较，分别确定出 ITS1、5.8S 及 ITS2 序列片段。运用 DNA MAN 软件对所测得的序列进行对位排列结果如图 3-5。将对位排列后的数据导入系统发育分析软件 MEGA4.0 对序列进行统计和分支分析。

CLUSTAL multiple sequence alignment

```
ningqi1          CGAAACCTGCACAGCAGAACGACCCGCGAACGCGTTTCAACACTGGGGAGCCGCGCGGGC
heiguo           CGAAACCTGCACAGCAGAACGACCCGCGAACGCGTTTCAACACTGGGGAGCCGCGCGGGC
beifangbian      CGAAACCTGCACAGCAGAACGACCCGCGAACGCGTTTCAACACTGGGGAGCCGCGCGGGC
04-03-29_ 1 * bei_CGAAACCTGCAGAGCAGAATGACTCGCGAAAATGTTTAAAAACTGGGGAGCCGTGCGGGC
04-03-32_ 1 * bei_CGAAACCTGCACAGCAGAACGACCCGCGAACGCGTTTCAACACTGGGGAGCCGCGCGGGC
04-5-30_ bei * 1_ CGAAACCTGCACAGCAGAACGACCCGCGAACGCGTTTCAACACTGGGGAGCCGCGCGGGC
04-5-01_ bei * hei_CGAAACCTGCAGAGCAGAATGACTCGCGAAAATGTTTAAAAACTGGGGAGCCGTGCGGGC

                 * * * * * * * * * * * * * * * * * * * * * * * * * *    * * * *  * *  * * * * * * * * * * * * *  * * * * * *

ningqi1          GGGGTGCTTCGGCCCCCCGTGTGCGCGTCTCCCCCCC-TCGTCCCCGGCGCGCGCGCCCG
heiguo           GGGGTGCTTCGGCCCCCCGTGTGCGCGTCTCCCCCCCTCGTCCCCGGCGCGCGCGCCCG
beifangbian      GGGGTGCTTCGGCCCCCCGTGTGCGCGTATCCCCCC--TCGTCCCCGGCGCGCGCGCCCG
04-03-29_ 1 * bei_AAGGTGCTTCGACCCCTTGTGCGTGCGTCTCCCCCCC---GTTCCCGGCAC---------
04-03-32_ 1 * bei_GGGGTGCTTCGGCCCCCCGTGTGCGCGTCTCCCCCCCTCGTCCCCGGCGCGCGCGCCCG
```

04-5-30_ bei＊1_ GGGGTGCTTCGGCCCCCCGTGTGCGCGTCTCCCCCC--TCGTCCCCGGCGCGCGCGCCCG

04-5-01_ bei＊hei_AAGGTGCTTCGACCCCTTGTGCGTGCGTCTCCCCCC----GTTCCCGGCAC---------

　　　　　＊＊＊＊＊＊＊＊ ＊＊＊＊ ＊＊＊＊ ＊＊＊＊ ＊＊＊＊＊＊＊ ＊＊ ＊＊＊＊＊＊ ＊

ningqi1　　　　　CGCGCGCGTCGGGTGACTAACGAACCCCGGCGCGAAAAGCGCCAAGGAATACTTAAATTG

heiguo　　　　　CGCGCGCGTCGGGTGACTAACGAACCCCGGCGCGAAAAGCGCCAAGGAATACTTAAATTG

beifangbian　　CGCGCGCGTCGGGTGACTAACGAACCCCGGCGCGAAAAGCGCCAAGGAATACTCAAATTG

04-03-29_ 1＊bei_ --------------------------------------CAAGGAATACTTAAATTG

04-03-32_ 1＊bei_ CGCGCGCGTCGGGTGACTAACGAACCCCGGCGCGAAAAGCGCCAAGGAATACTTAAATTG

04-5-30_ bei＊1_ CGCGCGCGTCGGGTGACTAACGAACCCCGGCGCGAAAAGCGCCAAGGAATACTTAAATTG

04-5-01_ bei＊hei_-------------------------------------CAAGGAATACTTAAATTG

　　　　　＊ ＊ ＊ ＊ ＊ ＊ ＊ ＊ ＊ ＊ ＊ ＊ ＊ ＊ ＊

ningqi1　　　　　ATAGCCTGCCTCTCGCGCCCCGTCCGCGGTGCACGCGGGAGGGCCTGTGCTTCTCTTGAA

heiguo　　　　　ATAGCCTGCCTCTCGCGCCCCGTCCGCGGTGCGCGCGGGAGGGCCTGTGCTTCTCTTGAA

beifangbian　　ATAGCCTGCCTCTCGCGCCCCGTCCGCGGTGCGCGCGGGAGGGCCTGTGCTTCTCTTGAA

04-03-29_ 1＊bei_ ATAGCCTGCCTCTCACGCCCCGTCCGCAGTGCGTGCAGGAGGACCTGTGCTTCTTTTAAA

04-03-32_ 1＊bei_ ATAGCCTGCCTCTCGCGCCCCGTCCGCGGTGCGCGCGGGAGGGCCTGTGCTTCTCTTGAA

04-5-30_ bei＊1_ ATAGCCTGCCTCTCGCGCCCCGTCCGCGGTGCGCGCGGGAGGGCCTGTGCTTCTCTTGAA

04-5-01_ bei＊hei_ATAGCCTGCCTCTCACGCCCCGTCCGCAGTGCGTGCAGGAGGACCTGTGCTTCTTTTAAA

　　　　　＊＊＊＊＊＊＊＊＊＊ ＊＊＊＊＊＊＊＊＊ ＊＊＊＊ ＊＊ ＊＊＊＊ ＊＊＊＊＊＊＊＊＊ ＊＊ ＊＊

ningqi1　　　　　ACAGAAACGACTCATCGCGTCGCCCCCCGCGCACCGCGCCCATGCTCTGGGTCGCGGTGG

heiguo　　　　　ACAAAAACGACTCATCGTGTCGCCCCC-GCCCACCGCACCCACGCTCTGGGTCGCGGTGG

beifangbian　　ACGAAAACGACTCATCGCGTCGCCCCCCGCGCACCGCGCCCATGCTCTGGGTCGCGGTGG

04-03-29_ 1＊bei_ ACA-AAACGACTCATCGCGTTGTCCCC-GCACACCGCGCCCAGACTCTGGGTCATAGTGG

04-03-32_ 1＊bei_ ACAGAAACGACTCATCGCGTCGCCCCCCGCGCACCGCGCCCATGCTCTGGGTCGCGGTGG

04-5-30_ bei＊1_ ACAGAAACGACTCATCGCGTCGCCCCCCGCGCACCGCGCCCATGCTCTGGGTCGCGGTGG

04-5-01_ bei＊hei_ACA-AAACGACTCATCGCGTTGTCCCC-GCACACCGCGCCCAGACTCTGGGTCATAGTGG

　　　　　＊＊ ＊＊＊＊＊＊＊＊＊＊＊ ＊＊ ＊ ＊＊＊＊ ＊＊ ＊＊＊＊＊ ＊＊＊＊ ＊＊＊＊＊＊＊＊ ＊＊＊＊

ningqi1　　　　　TGTCGCGGGGCGGATACTGGCCTCCCGTGCGCCTCGCGCTCGCGGCCGGCCTAAATGCGA

heiguo　　　　　TGTCGCGGGGCGAATACTCGCCTCCCGTGAGCCTCGCGCTCGCGGGCTGGCCTAAATACGA

beifangbian　　TGTCGCGGGGCGGATACTGGCCTCCCGTGCGCCTCGCGCTCGCGGCCGGCCTAAATGCGA

04-03-29_ 1 * bei_TGTCGTGGGGCAGACTCTGGTCTTCCG-----------------GCTAGCCTAAATGTGA

04-03-32_ 1 * bei_TGTCGCGGGGCGGATACTGGCCTCCCGTGCGCCTCGCGCTCGCGGCCGGCCTAAATGCGA

04-5-30_ bei * 1_ TGTCGCGGGGCGGATACTGGCCTCCCGTGCGCCTCGCGCTCGCGGCCGGCCTAAATGCGA

04-5-01_ bei * hei_TGTCGTGGGGCAGACTCTGGTCTTCCG-----------------GCTAGCCTAAATGTGA

　　　　　　　* * * * * * * * *　* * * * * * *　　　　* *　* * * * * * * *　* *

ningqi1　　　　GTCCACGTCGACGGACGTCACGGCAAGTGGTGGTTGTAACCCAACTCTCGAAGTGTCGTG

heiguo　　　　GTCCACGTCGACGGACGTCACGGCAAGTGGTGGTTGTAACCCAACTCTTGAAGTGTCGTG

beifangbian　　GTCCACGTCGACGGACGTCACGGCAAGTGGTGGTTGTAACCCAACTCTCGAAGTGTCGTG

04-03-29_ 1 * bei_GTCCACTTCGACGGACGTCACGGCAAGTGGTGGTTGTAACCCAACTCTAGAAGTGTCGTG

04-03-32_ 1 * bei_GTCCACGTCGACGGACGTCACGGCAAGTGGTGGTTGTAACCCAACTCTCGAAGTGTCGTG

04-5-30_ bei * 1_ GTCCACGTCGACGGACGTCACGGCAAGTGGTGGTTGTAACCCAACTCTCGAAGTGTCGTG

04-5-01_ bei * hei_GTCCACTTCGACGGACGTCACGGCAAGTGGTGGTTGTAACCCAACTCTAGAAGTGTCGTG

　　* *

ningqi1　　　　GCCATACCCCGTCGCGCGTTTGGCCTCCCGGACCCTTCTTGCGCTTAGGCGCTCCGAC

heiguo　　　　ACTATGCCCCGTCGCGCGTTTGGCCTCCCGGACCCTTCTCGCGCTTAGGCGCTCCGAC

beifangbian　　GCCATACCCCGTCGCGCGTTTGGCCTCCCGGACCCTTCTCGCGCTTAGGCGCTCCGAC

04-03-29_ 1 * bei_GCTATACCCCGTCGCACGTTTGGCCTCCTAGACCCTTCTTGTGCTTAGGCGCCCTGAT

04-03-32_ 1 * bei_GCCATACCCCGTCGCGCGTTTGGCCTCCCGGACCCTTCTTGCGCTTAGGCGCTCCGAC

04-5-30_ bei * 1_ GCCATACCCCGTCGCGCGTTTGGCCTCCCGGACCCTTCTTGCGCTTAGGCGCTCCGAC

04-5-01_ bei * hei_GCTATACCCCGTCGCACGTTTGGCCTCCTAGACCCTTCTTGTGCTTAGGCGCTCTGAT

　　* *　* * * * * * * * * * * * * * * * * * * *

图 3-5　序列对位排列图

Fig3-5　Multiple sequences alignment

3.3.2　ITS 区序列长度和变异信息

　　枸杞属不同种间杂交种植物中，整个 ITS 序列长度变异范围为 558 ~ 632bp，平均为 610bp。整个 ITS1 序列长度变异范围为 197 ~ 253bp，平均为 236bp。整个 5.8SnrDNA 序列长度变异范围都为 154bp。整个 ITS2 序列长度变异范围为 207 ~ 225bp，平均为 220bp。 ITS 区和分区长度及 G + C 含量变异如表 3-5。枸杞属不同种间杂交种植物 ITS 序列特征如表 3-6 所示。

表 3-5 枸杞属不同种间杂交种的 ITS 区序列长度和 G + C 含量

Table3-5 Lengths(bp) and G + C content of ITS1, 5.8S rDNA and ITS2

ofhybridized the different species of *Lycium*

名称	学名	ITS1(bp) (G+C)%	5.8S(bp) (G+C)%	ITS2(bp) (G+C)%	ITS 区总长(bp) (G+C)%
ningqi1	*L. barbarum*	252(68.3)	154(55.8)	225(69.3)	631(65.6)
heiguo	*L. ruthenicum*	253(68.3)	154(55.8)	224(66.5)	631(64.7)
beifangbian	*L. chinense var. potaninii*	251(69)	154(55.8)	225(69.8)	630(66)
04-03-29	ningqi1 * beifangbian	198(55.6)	154(51.3)	207(58.4)	559(55.5)
04-3-32	ningqi1 * beifangbian	253(68.7)	154(55.8)	225(69.3)	632(65.8)
04-5-30	beifangbian * ningqi1	251(68.6)	154(55.8)	225(69.3)	630(65.7)
04-5-01	beifangbian * heiguo	197(55.3)	154(51.3)	207(58)	558(55.2)
Average for all		236(64.8)	154(54.5)	220(65.8)	610(62.6)

表 3-6 枸杞属不同种间杂交种的 ITS 区序列特征

Table3-6 The charater of ITS sequence of hybridized the different species of *Lycium*

sequence	Conserved sites(%)	Variable sites(%)	Information sites(%)	Singleton sites(%)	Si/sv
ITS1	168/253(66.4)	85/253(33.6)	1/253(0.4)	84/253(33.2)	24/5
ITS2	172/225(76.4)	53/225(23.6)	5/225(2.2)	48/225(21.4)	27/7
total	340/478(71.1)	138/478(28.9)	6/478(1.3)	132/478(27.6)	51/12

整个 ITS 区排序后的总长度为 632bp,其中 ITS1,5.8S 和 ITS2 排序后的长度分别为 253bp,154bp 和 225bp。将 gap(空位)作 missing(缺失)处理时,由于 5.8SDNA 序列过于保守,不适于用作系统发育分析,因而在本研究中利用 ITS1 和 ITS2 区序列进行统计发育分析。整个转录间隔区(ITS1 十 ITS2)对位排列后总长度为 478bp,共

有 138 个变异位点，变异位点分别为 85 和 53 个，占 28.9%；保守位点 340，占 71.1%；有 6 个信息位点，占 1.3%，51 个转换位点，12 个颠换位点，其中 ITS1 区的信息位点所占比例低于 ITS2 区，而 ITS1 区的转换/颠换比值高于 ITS2 区。

3.3.3　系统发育分析

将对位排列后的序列导入 MEGA4.0，选择 Atropa belladonna，Jaborosa integrifolia，Nolana arenicola I. M. Johnst. 作为外类群（参考 JILL S. MILLER 选取的外类群），用邻位相接法（NJ）进行聚类分析所得系统树为有根树，能够体现出各类群间的系统发育关系，如图 3-6，系统树分支上的数字为 Bootstrap 重复抽样检验得出的分支支持率（自展支持率）。

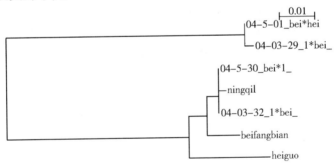

图3-6　NJ 聚类图

Fig3-6　NJ TREE

No of Taxa 7：Gap/Missing data：Pairwise Deletion；Codon Positions：Noncoding；Distance method：Nucleotide：Kimura 2-parameter（pairwise distance）；Tree making method：Neighbor jiining；No. of site：2100；No. of Bootstrap replication = 1000；SBL = 0.16336118。

3.3.4　讨论

04-5-30 是北方变种 x 宁杞 1 号，基于 ITS 序列分析，杂种与其父本聚在一起，说明其是一个真杂种。

04-3-32 是宁杞 1 号 x 北方变种，基于 ITS 序列分析，杂种与其母本聚在一起，其杂种的真伪有待商榷。

04-3-29 是宁杞 1 号 x 北方变种，基于 ITS 序列分析，杂种与其父、母本相距较远，相对于 04-3-32 虽然是相同的父母本，但其杂种的真实性就较为肯定。

04-5-01 是北方变种 x 黑果枸杞，基于 ITS 序列分析，杂种与其父、母本相距较远，同时具有父母本的序列特征，其杂种的真实性就较为肯定。

3.4 基于 ITS 序列进行种内杂种真伪的早期鉴定

3.4.1 实验测得宁夏枸杞种种内杂交杂种植物 ITS 区序列分析

利用 DNAMAN 将实验测得的 ITS 序列与 NCBI 数据库中已发表的 ITS 序列进行同源性比较，分别确定出 ITS1、5.8S 及 ITS2 序列片段。运用 DNAMAN 软件对所测得的序列进行对位排列结果如图 3-7。将对位排列后的数据导入系统发育分析软件 MEGA4.0 对序列进行统计和分支分析。

CLUSTAL multiple sequence alignment

```
ningqi2          CGAAACCTGCAGAGCAGAATGACTCGCGAAAATGTTTAAAAACTGGGGAGCCGTGCGGGC
ningqi1          CGAAACCTGCACAGCAGAACGACCCGCGAACGCGTTTCAACACTGGGGAGCCGCGCGGGC
baihua           CGAAACCTGCAGAGCAGAATGACTCGCGAAAATGTTTAAAAACTGGGGAGCCGTGCGGGC
05-04-17-b_ 1 * 2 CGAAACCTGCAGAGCAGAATGACTCGCGAAAATGTTTAAAAACTGGGGAGCCGTGCGGGC
05-04-31-b_ 1 * 2 -----------------CGAAACCTGCGAACGTGTTTCAACGCTAGGGAGCCGCGCGGGC
05-06-27-b_ 1 * 2 CGAAACCTGCACAGCAGAACGACCCGCGAAAGCGTTTCAACACTGGGGAGCCGCGCGGGC
05-38-36_ 2 * 1_   CGAAACCTGCAGAGCAGAATGACTCGCGAAAATGTTTAAAAACTGGGGAGCCGTGCGGGC
05-31-01_ 1 * bai  CGAAACCTGCACAGCAGAACGACCCGCGAACGCGTTTCAACACTGGGGAGCCGCGCGGGC
05-32-31_ 1 * bai  CGAAACCTGCACAGCAGAACGACCCGCGAACGCGTTTCAACACTGGGGAGCCGCGCGGGC

                  * *  * * * * *   * * * * * *  * * * * * * * * * * * * * *

ningqi2          AAGGTGCTTCGACCCCTTGTGCGTGCGTCTCCCCCC--CGTTCCCGGCA----------
ningqi1          GGGGTGCTTCGGCCCCCCGTGTGCGCGTCTCCCCCCCTCGTCCCCGGCGCGCGCCCGC
```

baihua   AAGGTGCTTCGACCCCTTGTGCGTGCGTCTCCCCCC--CGTTCCCGGCA-----------

05-04-17-b_ 1 * 2 AAGGTGCTTCGACCCCTTGTGCGTGCGTCTCCCCCC--CGTTCCCGGCA-----------

05-04-31-b_ 1 * 2 GGGGTGCTTCGGTCCCTGGTGCGTGCGTCTCCCCCT--CATCCCCAGCGCGCGCGCCCGC

05-06-27-b_ 1 * 2 GGGGTGCTTCGGCCCCCCGTGCGCGCGTCTCCCCCC-TCGTCCCCGGCG----------C

05-38-36_ 2 * 1_   AAGGTGCTTCGACCCCTTGTGCGTGCGTCTCCCCCC--CGTTCCCGGCA-----------

05-31-01_ 1 * bai GGGGTGCTTCGGCCCCCCGTGTGCGCGTCTCCCCCC-TCGTCCCCGGCGCGCGCGCCCGC

05-32-31_ 1 * bai GGGGTGCTTCGGCCCCCCGTGCGCGCGCCTCCCCCC-TCGTCCCCGGCGCGCGCGCCCGC

                     * * * * * * * *   * * *   * * *   *   * * *   * * * * * * *   *   * * * *   * *

ningqi2   --CCAAGGAATACTTAAATTGA

ningqi1   GCGCGCGTCGGGTGACTAACGAACCCCGGCGCGAAAAGCGCCAAGGAATACTTAAATTGA

baihua   --CCAAGGAATACTTAAATTGA

05-04-17-b_ 1 * 2 --CCAAGGAATACTTAAATTGA

05-04-31-b_ 1 * 2 GTGCGCGCCGGATGACTAACAAACCCCGGCGCGAAAAGCGCCAAGGAATGCTTAAATTGA

05-06-27-b_ 1 * 2 GCGCGCGTCGGGTGACTAACGAACCCCGGCGCGAAAAGCGCCAAGGAATACTTAAATTGA

05-38-36_ 2 * 1_   --CCAAGGAATACTTAAATTGA

05-31-01_ 1 * bai GCGCGCGTCGGGTGACTAACGAACCCCGGCGCGAAAAGCGCCAAGGAATACTTAAATTGA

05-32-31_ 1 * bai GCGCGCGTCGGGTGACTAACGAACCCCGGCGCGAAAAGCGCCAAGGAATACTTAAATTGA

                     * * * * * * * *   * * * * * * * * * *

ningqi2   TAGCCTGCCTCTCACGCCCCGTCCGCAGTGCGTGCAGGAGGACCTGTGCTTCTTTTAAAA

ningqi1   TAGCCTGCCTCTCGCGCCCCGTCCGCGGTGCACGCGGGAGGGCCTGTGCTTCTCTTGAAA

baihua   TAGCCTGCCTCTCACGCCCCGTCCGCAGTGCGTGCAGGAGGACCTGTGCTTCTTTTAAAA

05-04-17-b_ 1 * 2 TAGCCTGCCTCTCACGCCCCGTCCGCAGTGCGTGCAGGAGGACCTGTGCTTCTTTTAAAA

05-04-31-b_ 1 * 2 TAGCCTGC-TCTCGCGCCCCGTCCGCGGTGCGCGCGGGAGGACCTGCGTTTCTCTTGAAA

05-06-27-b_ 1 * 2 TAGCCTGCCTCTCGCGCCCCGTCCGCGGTGCGCGCGGGAGGGCCTGTGCTTCTCTTGAAA

05-38-36_ 2 * 1_   TAGCCTGCCTCTCACGCCCCGTCCGCAGTGCGTGCAGGAGGACCTGTGCTTCTTTTAAAA

05-31-01_ 1 * bai TAGCCTGCCTCTCGCGCCCCGTCCGCGGTGCGCGCGGGAGGGCCTGTGCTTCTCTTGAAA

05-32-31_ 1 * bai TAGCCTGCCTCTCGCGCCCCGTCCGCGGTGCGCGCGGGAGGGCCTGTGCTTCTCTTGAAA

                     * * * * * * *   * * * *   * * * * * * * * * * * * * * *   * * * *   * *   * * * * *   * * * *   *   * * * *   * *   * * *

ningqi2   C--AAAACGACTCATCGCGTTGTC-CCCGCACACCGCGCCCAGACTCTGGGTCATAGTG-

ningqi1   C-AGAAACGACTCATCGCGTCGCCCCCCCGCGCACCGCGCCCATGCTCTGGGTCGCGGTG-

baihua   C--AAAACGACTCATCGCGTTGTC-CCCGCACTCCGCGCCCAGACTCTGGGTCATAGTG-

05-04-17-b_ 1 * 2 C--AAAACGACTCATCGCGTTGTC-CCCGCACACCGCGCCCAGACTCTGGGTCATAGTG-

05-04-31-b_ 1 * 2 CTAAAAATGACTCATCGCATCACC-CCCGTACACCGCGCCCATA-TCTCTGTCGTGGTGC

05-06-27-b_ 1 * 2 C-AAAAACGACTCATCGCGTCGCCTCCCGCACACCGCGCCCATGCTCTGGGTCGTGGTG-

05-38-36_ 2 * 1_ C--AAAACGACTCATCGCGTTGTC-CCCGCACACCGCGCCCAGACTCTGGGTCATAGTG-

05-31-01_ 1 * bai C-AGAAACGACTCATCGCGTCGCCCCCCGCGCACCGCGCCCATGCTCTGGGTCGCGGTG-

05-32-31_ 1 * bai C-AGAAACGACTCATCGCGTCGCCCCCCGCGCACCGCGCCCATGCTCTGGGTCGCGGTG-

       * *** ************ * * **** * ********* *** *** ***

ningqi2   GTGTCGTGGGGCAGACTCTGGTCTTCCG----------------GCTAGCCTAAATGTG

ningqi1   GTGTCGCGGGGCGGATACTGGCCTCCCGTGCGCCTCGCGCTCGCGGCCGGCCTAAATGCG

baihua   GTGTCGTGGGGCAGACTCTGGTCTTCCG----------------GCTAGCCTAAATGTG

05-04-17-b_ 1 * 2 GTGTCGTGGGGCAGACTCTGGTCTTCCG----------------GCTAGCCTAAATGTG

05-04-31-b_ 1 * 2 GTGTCGCGGGGTTAGATACTGGCCTCCCGTTCGCCTCGCGCTCGCGGCTGGCCTAAATGTG

05-06-27-b_ 1 * 2 GTGTCGCGGGGCGGATACTGGCCTCCCGTGCGCCTCGCGCTCGCGGCCGGCCTAAATGCG

05-38-36_ 2 * 1_ GTGTCGTGGGGCAGACTCTGGTCTTCCG----------------GCTAGCCTAAATGTG

05-31-01_ 1 * bai GTGTCGCGGGGCGGATACTGGCCTCCCGTGCGCCTCGCGCTCGCGGCCGGCCTAAATGCG

05-32-31_ 1 * bai GTGTCGCGGGGCGGATACTGGCCTCCCGTGCGCCTCGCGCTCGCGGCCGGCCTAAATGCG

       ****** *** ** **** ** *** ** ********* *

ningqi2   AGTCCACTTCGACGGACGTCACGGCAAGTGGTGGTTGTAACCCAACTCTAGAAGTGTCGT

ningqi1   AGTCCACGTCGACGGACGTCACGGCAAGTGGTGGTTGTAACCCAACTCTCGAAGTGTCGT

baihua   AGTCCACTTCGACGGACGTCACGGCAAGTGGTGGTTGTAACCCAACTCTAGAAGTGTCGT

05-04-17-b_ 1 * 2 AGTCCACTTCGACGGACGTCACGGCAAGTGGTGGTTGTAACCCAACTCTAGAAGTGTCGT

05-04-31-b_ 1 * 2 AGTCCACGTCGACGGACGTCATGGCAAGTGGTGGTTGTAACCCAACTCTAGAAGTGTCGT

05-06-27-b_ 1 * 2 AGTCCACGTCGACGGACGTCACGGCAAGTGGTGGTTGTAACCCAACTCTAGAAGTGTCGT

05-38-36_ 2 * 1_ AGTCCACTTCGACGGACGTCACGGCAAGTGGTGGTTGTAACCCAACTCTAGAAGTGTCGT

05-31-01_ 1 * bai AGTCCACGTCGACGGACGTCACGGCAAGTGGTGGTTGTAACCCAACTCTCGAAGTGTCGT

05-32-31_ 1 * bai AGTCCACGTCGACGGACGTCACGGCAAGTGGTGGTTGTAACCCAACTCTCGAAGTGTCGT

       ****** ***************** **************************** *********

ningqi2   GGCTATACCCCGTCGCACGTTTGGCCTCCTAGACCCTTCTTGTGCTTAGGCGCTCTGAT

ningqi1   GGCCATACCCCGTCGCGCGTTTGGCCTCCCGGACCCTTCTTGCGCTTAGGCGCTCCGAC

baihua   GGCTATACCCCGTCGCACGTTTGGCCTCCTAGACCCTTCTTGTGCTTAGGCGCTCTGAT

05-04-17-b_ 1 * 2 GGCTATACCCCGTCGCACGTTTGGCCTCCTAGACCCTTCTTGTGCTTAGGCGCTCTGAT

05-04-31-b_ 1 * 2 GGCTATACCTCGTCGCGCGTTTGGCCTCCCAGACCCTTCTTGCGCTTAGACGCTCTGAC

05-06-27-b_ 1 * 2 GGCCATACCCCGTCGCGCGTTTGGCCTCCCGGACCCTTCTTGCACTTAGGCGCTCCGAC

05-38-36_ 2 * 1_ GGCTATACCCCCTCGCACGTTTGGCCTCCTAGACCCTTCTTGTGCTTAGGCGCTCTGAT

05-31-01_ 1 * bai GGCCATACCCCGTCGCGCGTTTGGCCTCCCGGACCCTTCTTGCGCTTAGGCGCTCCGAC

05-32-31_ 1 * bai GGCCATACCCCGTCGCGCGTTTGGCCTCCTGGACCCTTCTCGCGCTTAGGCGCTCCGAC

* * * * * * * * * * * * * * * * * * * * * * * *

图 3-7   序列对位排列图

Fig3-7   Multiple sequences alignment

3.4.2 ITS 区序列长度和变异信息

宁夏枸杞种不同品种间杂交种植物中，整个 ITS 序列长度变异范围为 559～631bp，平均为 595bp。整个 ITS1 序列长度变异范围为 198～252bp，平均为 224bp。整个 5.8SnrDNA 序列长度变异范围都为 154bp。整个 ITS2 序列长度变异范围为 207～225bp，平均为 217bp。ITS 区和分区长度及 G + C 含量变异如表 3-7。宁夏枸杞种内不同杂交种植物 ITS 序列特征如表 3-8 所示。

表 3-7   宁夏枸杞种不同品种间杂交种的 ITS 区序列长度和 G + C 含量

Table3-7   Lengths(bp) and G + C content of ITS1, 5.8S rDNA and ITS2

of hybridized the different varieties of *Lycium barbarum* L.

名称	中文名	ITS1(bp) (G + C)%	5.8S(bp) (G + C)%	ITS2(bp) (G + C)%	ITS 区总长(bp) (G + C)%
ningqi2	宁杞 2 号	198(55.6)	154(51.3)	207(58)	559(55.3)
ningqi1	宁杞 1 号	252(68.3)	154(55.8)	225(69.3)	631(65.6)
baihua	白花	198(55.6)	154(52)	207(58)	559(55.5)
05-04-17-b	宁 1 × 宁 2	198(55.6)	154(51.3)	207(58)	559(55.3)
05-04-31-b	宁 1 × 宁 2	233(64.4)	154(53.9)	224(60.7)	611(60.4)
05-06-27-b	宁 1 × 宁 2	241(66.8)	154(55.8)	225(67.5)	620(64.4)

（续）

名称	中文名	ITS1(bp) (G+C)%	5.8S(bp) (G+C)%	ITS2(bp) (G+C)%	ITS 区总长(bp) (G+C)%
05-38-36	宁2×宁1	198(55.6)	154(51.3)	207(57.9)	559(55.3)
05-31-01	宁1×白花	251(68.6)	154(55.8)	225(69.3)	630(65.7)
05-32-31	宁1×白花	251(69.3)	154(55.8)	225(69.3)	630(66)
Average for all		224(62.2)	154(53.7)	217(63.1)	595(60.4)

表 3-8　宁夏枸杞种不同品种间杂交种的 ITS 区序列特征

Table3-8　The charater of　ITS sequence of hybridized the different varieties of *Lycium barbarum* L.

sequence	Conserved sites(%)	Variable sites(%)	Information sites(%)	Singleton sites(%)	Si/sv
ITS1	138/252(54.8)	114/252(45.2)	7/252(2.8)	107/252(42.4)	37/5
ITS2	166/225(73.8)	59/225(26.2)	3/225(1.3)	56/225(24.9)	32/10
total	304/477(63.7)	173/477(36.3)	10/477(2.1)	163/477(34.2)	69/15

整个 ITS 区排序后的总长度为 631bp，其中 ITS1，5.8S 和 ITS2 排序后的长度分别为 252bp，154bp 和 225bp。将 gap（空位）作 missing（缺失）处理时，由于 5.8SDNA 序列过于保守，不适于用作系统发育分析，因而在本研究中利用 ITS1 和 ITS2 区序列进行统计发育分析。整个转录间隔区（ITS1 十 ITS2）对位排列后总长度为 477bp，共有 173 个变异位点，变异位点分别为 114 和 59 个，占 36.3%；保守位点 304，占 63.7%；有 10 个信息位点，占 2.1%，69 个转换位点，15 个颠换位点，其中 ITS1 区的信息位点所占比例高于 ITS2 区，而 ITS1 区的转换/颠换比值高于 ITS2 区。

3.4.3　系统发育分析

将对位排列后的序列导入 MEGA4.0，用邻位相接法（NJ）进行聚类分析所得系统树为有根树，能够体现出各类群间的系统发育关系，如图3-8，系统树分支上的数字为Bootstrap重复抽样检验得出的分支支持率（自展支持率）。

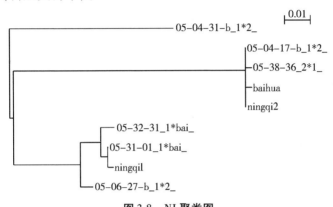

图3-8　NJ聚类图

Fig3-8　NJ TREE

No of Taxa 9：Gap/Missing data：Pairwise Deletion；Codon Positions：Noncoding；Distance method：Nucleotide；Kimura 2-parameter（pairwise distance）；Tree making method：Neighbor jiining；No. of site：1600；No. of Bootstrap replication =1000；SBL =0. 13356118。

3.4.4　讨论

05-06-27-b，05-4-31-b，05-4-17-b 具有相同的父母本，是宁杞1号 x 宁杞2号，基于 ITS 序列分析，05-4-17-b 父本聚在一起，而其它两个具有父母本的序列特征，从 ITS 序列可以初步判断三个杂交种为真杂种。

05-31-01，05-32-31 具有相同的父母本，是宁杞1号 x 白花，基于 ITS 序列分析，05-31-01 与母本 ITS 序列基本一致，说明其是伪杂种，而 05-32-31 同时具有父母本的序列特征，初步判定其是真杂种。

05-38-36，是宁杞2号 x 宁杞1号，基于 ITS 序列分析，杂种与母本具有完全一致的序列特征，初步判定其为伪杂种。

3.5　基于 ITS 序列进行航天诱变体的早期鉴定和筛选

3.5.1　实验测得不同航天突变体植物 ITS 区序列分析

　　利用 DNAMAN 将实验测得的 ITS 序列与 NCBI 数据库中已发表的 ITS 序列进行同源性比较，分别确定出 ITS1、5.8S 及 ITS2 序列片段。运用 DNAMAN 软件对所测得的序列进行对位排列结果如图 3-9。将对位排列后的数据导入系统发育分析软件 MEGA4.0 对序列进行统计和分支分析。

CLUSTAL multiple sequence alignment

```
ningqi1     CGAAACCTGCACAGCAGAACGACCCGCGAACGCGTTTCAACACTGGGGAGCCGCGCGGGC
05-12-02    CGAAACCTGCACAGCAGAACGACCNGCGAACGTGTTTCAACGCTAGGGAGCCGCGCGGGC
05-12-29    CGAAACCTGCACAGCAGAACGACCCGCGAACGCGTTTCAACACTGGGGAGCCGCGCGGGC
05-14-01    CGAAACCTGCACAGCAGAACGACCCGCGAACGCGTTTCAACACTGGGGAGCCGCGCGGGC
            * * * * * * * * * * * * * * * * * * *  * * * * * * *  * * * * * * * *  * *  * * * * * * * * * * * * * * * *


ningqi1     GGGGTGCTTCGGCCCCCCGTGTGCGCGTCTCCCCCCCTCGTCCCCGGCGCGCGCGCCCGC
05-12-02    GGGGTGCTTCGGCTCCTGGTGCGTGCGTCTCCCCCT--CATCCCCAGCGCGCGCGCCCGC
05-12-29    GGGGTGCTTCGGCCCCCCGTGCGCGCGTCTCCCCCC-TCGTCCCTGGCGCGCGCGCCCGC
05-14-01    GGGGTGCTTCGGCCCCCCGTGTGCGCGTCTCCCCCCCTCGTCCCCGGCGCGCGCGCCCGC
            * * * * * * * * * * *  * * *  * * *  *  * * * * * * * * *  *  * * * *  * * * * * * * * * * * * * *


ningqi1     GCGCGCGTCGGGTGACTAACGAACCCCGGCGCGAAAAGCGCCAAGGAATACTTAAATTGA
05-12-02    GTGCGCGCCGGATGACTAACAAACCCCGGCGCGAAAAGCGCCAAGGAATGCTTAAATTGA
05-12-29    GCGCGCGTCGGGTGACTAACGAACCCCGGCGCGAAAAGCGCCAAGGAATACTTAAATTGA
05-14-01    GCGCGCGTCGGGTGACTAACGAACCCCGGCGCGAAAAGCGCCAAGGAATACTTAAATTGA
            *  * * * * *  * * *  * * * * * * * * * * * * * * * * * * * * * * * * * * * * *  * * * * * * * * * *


ningqi1     TAGCCTGCCTCTCGCGCCCCGTCCGCGGTGCACGCGGGAGGGCCTGTGCTTCTCTTGAAA
05-12-02    TAGCCTGC-TCTCGCGCCCCGTCCGCGGTGCGCGCGGGAGGACCTGCGTTTCTCTTGAAA
05-12-29    TAGCCTGCCTCTCGCGCCCCGTCCGCGGTGCGCGCGCGGAGGGCCTGTGCTTCTCTTGAAA
05-14-01    TAGCCTGCCTCTCGCGCCCCGTCCGCGGTGCGCGCGCGGAGGGCCTGTGCTTCTCTTGAAA
```

* *

ningqi1	C-AGAAACGACTCATCGCGTCGCCCCCCGCGCACCGCGCCCATGCTCTGGGTCGCGGTG-
05-12-02	CTAAAAATGACTCATCGCATCACCCCC-GTACACCGCGCGCCCATA-TCTCTGTCGTGGTGC
05-12-29	C-AGAAACGACTCATCGCGTCGCCCCCCGCGCACCGCGCCCATGCTCTGGGTCGCGGTG-
05-14-01	C-AGAAACGACTCATCGCGTCGCCCCCCGCGCACCGCGCCCATGCTCTGGGTCGCGGTG-

* * ** * * * * * * * * * * * ** *

ningqi1	GTGTCGCGGGGCGGATACTGGCCTCCCGTGCGCCTCGCGCTCGCGGCCGGCCTAAATGCG
05-12-02	ATGTCGCGGGGTTAGATACTGGCCTCCCGTTCGCCTCGCGCTCGCGGCTGGCCTAAATGTG
05-12-29	GTGTCGCGGGGCGGATACTGGCCTCCCGTGCGCCTCGCGCTCGCGGCCGGCCTAAATGCG
05-14-01	GTGTCGCGGGGCGGATACTGGCCTCCCGTGCGCCTCGCGCTCGCGGCCGGCCTAAATGCG

* *

ningqi1	AGTCCACGTCGACGGACGTCACGGCAAGTGGTGGTTGTAACCCAACTCTCGAAGTGTCGT
05-12-02	AGTCCACGTCGACGGACGTCATGGCAAGCGGTGGTTGTAACCCAACTCTCGAAGTGTCGT
05-12-29	AGTCCACGTCGACGGACGTCACGGCAAGTGGTGGTTGTAACCCAACTCTCGAAGTGTCGT
05-14-01	AGTCCACGTCGACGGACGTCACGGCAAGTGGTGGTTGTAACCCAACTCTCGAAGTGTCGT

* *

ningqi1	GGCCATACCCCGTCGCGCGTTTGGCCTCCCGGACCCTTCTTGCGCTTAGGCGCTCCGAC
05-12-02	GGCTATACCTCGTCGCGCGTTTGGCCTCCCAGACCCTTCTTGCGCTTAGACGCTCTGAC
05-12-29	GGCCATACCCCGTCGCGCGTTTGGCCTCCCGGACCCTTCTCGCGCTTAGGCGCTCCGAC
05-14-01	GGCCATACCCCGTCGCGCGTTTGGCCTCCCGGACCCTTCTTGCGCTTAGGCGCTCCGAC

* *

图3-9 序列对位排列图

Fig3-9 Multiple sequences alignment

3.5.2 ITS 区序列长度和变异信息

不同航天突变体材料，整个 ITS 序列长度变异范围为 623 ～ 631bp，平均为 629bp。整个 ITS1 序列长度变异范围为 245 ～ 252bp，平均为 250bp。整个 5.8SnrDNA 序列长度变异范围都为 154bp。整个 ITS2 序列长度变异范围为 224 ～ 225bp，平均为 225bp。ITS 区和分区长度及 G + C 含量变异如表 3-9。不同航天突变体植物 ITS 序列特征如表 3-10 所示。

表 3-9　不同航天突变体植物的 ITS 区序列长度和 G + C 含量

Table3-9　Lengths(bp) and G + C content of ITS1，5. 8S rDNA and ITS2

of the mutation of space treatment of *Lycium*

名称	中文名	*ITS1*(*bp*) (*G + C*)%	5. 8S(*bp*) (*G + C*)%	*ITS2*(*bp*) (*G + C*)%	ITS 区总长(bp) (*G + C*)%
ningqi1	宁杞 1 号	252(68. 3)	154(55. 8)	225(69. 3)	631(65. 6)
05-12-02	航天突变体	245(64. 1)	154(53. 2)	224(60. 7)	623(60. 2)
05-12-29	航天突变体	251(68. 6)	154(55. 8)	225(69. 8)	630(65. 9)
05-14-01	航天突变体	252(68. 6)	154(55. 8)	225(69. 3)	631(65. 8)
Average for all		250(67. 4)	154(55. 2)	225(67. 2)	629(64. 4)

表 3-10　不同航天突变体植物的 ITS 区序列特征

Table3-10 The charater of ITS sequence of of themutation of space treatment of *Lycium*

sequence	Conserved sites(%)	Variable sites(%)	Si/sv
ITS1	226/252(89. 7)	26/252(10. 3)	20/1
ITS2	199/225(88. 4)	26/252(11. 6)	19/4
total	425/477(89. 1)	52/504(10. 3)	39/5

整个 ITS 区排序后的总长度为 631bp，其中 ITS1，5. 8S 和 ITS2 排序后的长度分别为 252bp，154bp 和 225bp。将 gap(空位)作 missing(缺失)处理时，由于 5. 8SDNA 序列过于保守，不适于用作系统发育分析，因而在本研究中利用 ITS1 和 ITS2 区序列进行统计发育分析。整个转录间隔区(ITS1 十 ITS2)对位排列后总长度为 477bp，共有 52 个变异位点，变异位点分别为 26 和 26 个，占 10. 3%；保守位点 425，占 89. 1%；39 个转换位点，5 个颠换位点，ITS1 区的转换/颠换比值高于 ITS2 区。

3. 5. 3　系统发育分析

将对位排列后的序列导入 MEGA4. 0，用邻位相接法(NJ)进行聚类分析所得系统树为有根树，能够体现出各类群间的系统发育关系，如图 3-10，系统树分支上的数字为 Bootstrap 重复抽样检验得出的分支支持率（自展支持率）。

图 3-10　NJ 聚类图

Fig3-10　NJ TREE

No of Taxa 4；Gap/Missing data：Pairwise Deletion；Codon Positions：Noncoding；Distance method：Nucleotide：Kimura 2-parameter(pairwise distance)；Tree making method：Neighbor jiining；No. of site ：2400；No. of Bootstrap replication = 1000；SBL =0. 12156118。

3.5.4　讨论

05-12-29，05-14-01，05-12-02，是"宁杞 1 号"经过卫星搭载，通过地面选育，在形态和结果性状上表现出一定变异特征的材料。

基于 ITS 序列分析，研究表明，05-12-02 表现明显的变异，05-12-29 变异程度居中，05-14-01 基本与原始材料一致，没有出现变异。

因此，基于 ITS 可以明确 05-12-29，05-12-02 两个突变体在 DNA 水平发生了突变，而 05-14-01 突变体在 ITS 序列上没有发生变异，是否是航天突变体有待进一步的研究。

4 结　论

　　本书以 nrDNA ITS 序列为研究对象，依托国内唯一的枸杞种质资源圃和在长期开展枸杞新品种选育获得的育种材料的基础上，选取枸杞属 7 种 3 变种、宁夏枸杞地方品种、杂交群体、航天诱变群体、倍性群体中选择 44 份代表性单株的 ITS 区全序列进行了测定，并选取 *Atropa belladonna*，*Jaborosa integrifolia*，*Nolana arenicola* I. M. Johnst. 作为外类群，通过系统发育分析得出结论如下：

　　（1）ITS 序列分析可以较好的支持传统的依形态特征对国产枸杞属不同种的划分，每个分支内部均获得了高于 90% 的自展支持率，可以较为准确的确定不同种间的亲缘关系。

　　（2）基于 ITS 序列分析，初步认为中国分布枸杞属不同种与美国分布枸杞属种质形成各自独特的起源和分布中心。

　　（3）基于 ITS 序列差异划分黑果枸杞与其它种属于不同分支，与其依果实颜色形态进行的属内类群的划分基本一致，而且采自不同地域（青海省、宁夏中宁、宁夏银川）的黑果枸杞聚在一起，说明 ITS 对于不同种的划分是有效的，受地域的影响较小。

　　（4）基于 ITS 序列差异，认为将黄果枸杞划分为宁夏枸杞的变种和北方枸杞划分为中国枸杞的变种值得商榷，认为它们之间基于 ITS 序列差异分析，应该提升到种这一分类阶梯，而不是变种。

　　（5）依据 ITS 序列差异对枸杞属宁夏枸杞种下类群的划分，可以较好的支持依形态进行的种内类群的划分。研究表明，宁杞 1 号是从传统宁夏枸杞种大麻叶优系中选优得来得到 ITS 序列特征的证明。

（6）依据 ITS 序列差异能够准确的判明种间杂交种真伪的鉴别。

（7）依据 ITS 序列差异能够准确的判明宁夏枸杞种内杂交种真伪的鉴别。

（8）依据 ITS 序列差异能够准确的判明航天突变体是否在 DNA 水平发生了变异。

参 考 文 献

［1］艾先元，石巍峻，刘雅琴．枸杞茎尖培育四倍体苗初报［J］．宁夏农林科技，1991，（5）：30～32.

［2］安巍，李云翔，焦恩宁，等．三倍体无籽枸杞新品种选育的研究［J］．宁夏农学院学报，1998，19（3）：41～44.

［3］陈月琴，屈良鹄，周惠等．杜仲原植物25S rDNA 5′端序列分析及其分子识别，中国中药杂志，1998，23（12）：707

［4］蔡金娜，周开亚，徐路珊等．不同居群蛇床的 rDNA ITS 序列分析，药学学报，2000，35（1）：56.

［5］曹有龙，贾勇炯，罗青，等．应用组织培养技术离体筛选枸杞抗根腐病变异体的研究［A］．白寿宁．宁夏枸杞研究［C］．银川：宁夏人民出版社，1998：188～191.

［6］丁小余，王峥涛，徐路珊．F 型、H 型居群的铁皮石斛 rDNA US 区序列差异及 SNP 现象的研究．中国中药杂志，2002，27（2）：85.

［7］葛颂，Schaal B A，洪德元．用核糖体 DNA 的 ITS 序列探讨裂叶沙参的系统位置——兼论 ITS 片段在沙参属系统学研究中的价值．植物分类学报，1997，35（5）：385～395

［8］顾淑荣，桂耀林，徐廷玉．枸杞胚乳植株的诱导及染色体倍性观察［A］．白寿宁．宁夏枸杞研究［C］．银川：宁夏人民出版社，1998：89～92.

［9］胡忠庆，周全良，谢施祎．"宁杞4号"的选育［J］．宁夏农林科技，2005，（4）：11～13.

［10］李润淮，石志刚，安巍，等．菜用枸杞新品种宁杞菜1号［J］．中国蔬菜，2002，（5）：48～48.

［11］罗青，曲玲，曹有龙，等．抗蚜虫转基因枸杞的初步研究［J］．宁夏农林科技，2001，（1）：1～3.

［12］李晓莺，曹有龙，何军，等．抗蚜虫转基因枸杞株系的光合生理特征［J］．江西农业大学学报，2005，（6）：864～866

［13］马德滋，刘惠兰．宁夏植物志（第二卷）［M］．银川：宁夏人民出版社，

1990：155～156.

[14]樊映汉，臧淑英，赵敬，等．两种枸杞植物花药培养单倍体的诱导[A].
白寿宁．宁夏枸杞研究[C]．银川：宁夏人民出版社，1998：61～62.

[15]马爱如，牛一恕．诱导宁夏枸杞多倍体研究初报[J]．湖北农业科学，
1987，(6)：26～27.

[16]马爱如，牛一恕．三倍体宁夏枸杞研究初报[J]．湖北农业科学，1988，
(9)：31～32.

[17]邵鹏柱，曹晖主编．中药分子鉴定．上海：复旦大学出版社，2004.

[18]石开明，彭昌操，彭振坤等．DNA序列在植物系统进化研究中的应用，湖
北民族学院学报，2002，20(4)：5.

[19]秦金山，王莉，陈素萍，等．枸杞同源四倍体新物种类型的建立[A]．白
寿宁．宁夏枸杞研究[C]．银川：宁夏人民出版杜，1998：73～75.

[20]秦金山，王莉，陈素萍，等．枸杞同源四倍体的诱导与应用研究[A]．白
寿宁．宁夏拘杞研究[C]．银川：宁夏人民出版社，1998：85～88.

[21]王培训，周联，赖小平主编．分子生物学技术与中药鉴别．北京：世界图
书出版公司，2005

[22]汪小全，洪德元，1997.植物分子系统学近五年的研究进展概况．植物分
类学报，35(5)：465～480

[23]王锦秀，赵健，黄占明．枸杞与番茄属间远缘杂交研究初报[J]．宁夏农
林科技，2005，(3)：8～9.

[24]王莉，陈素萍，秦金山，等．枸杞胚乳植株诱导和它的倍性水平[J]．植
物学报，1985，12(6)：440～444.

[25]王仑山，陆卫，孙彤，等．枸杞耐盐突变体的筛选及植株再生[A]．白寿
宁．宁夏枸杞研究[C]．银川：宁夏人民出版社，1998：171～175.

[26]王慧中，杜立群，黄发灿，等．根瘤农杆菌介导的枸杞转化及转化植株的
获得[A]．白寿宁．宁夏枸杞研究[C]．银川：宁夏人民出版社，1998：149～152.

[27]田欣，李德．U.DNA序列在植物系统学研究中的应用．云南植物研究，
2002，24(2)：170.

[28]叶寅，王苏燕，田波．核酸序列测定——实验室指南．北京：科学出版
社，1997，1～323

[29]钟鉎元，王燕，王锦秀．无籽枸杞选育初报[J]．宁夏农林科技．1993，(3)：15～17．

[30]钟鉎元，李健，樊梅花，等．枸杞新品种"宁杞1号"的选育[J]．宁夏农林科技，1988，(2)：28～30．

[31]钟鉎元，李健，樊梅花，等．枸杞新品种"宁杞2号"的选育[J]．宁夏农林科技，1989，(3)：21～23．

[32]钟扬，李伟，黄德世．分支分类的理论与方法．北京：科学出版社．1994，1～540

[33]张汉明，许铁蜂，秦路平，等．中药鉴别研究的发展和现代鉴别技术介绍，中成药，2000，22(1)：101．

[34]赵玥，赵文军，朱水芳等，核 rDNAITS 序列在植物种质资源鉴定中的应用，辽宁农业科学，2005，(5)，26～28

[35]周毅，邹喻苹，洪德元，等．中国野生稻及栽培稻核糖体 DNA 第一转录间隔区序列分析及其系统学意义．植物学报，1996，38：785～791

[36]张文驹．应用 rDNA 的 ITS 区探讨多倍体小麦的基因组起源．武汉：武汉大学博士学位论文，1998．

[37]Ainounce M L, Bayer R. On the originsof the tetraploid Bro, mus species(section Bromus, Poaceae)：in sights frominternal transcribed spacer sequences of nuclear rib osomal DNA[J]. Genome, 1997, 730～743．

[38]Allice L A, Campbell C S. Phylogeny of Rubus(Rosaceae)based on nuclear ribosomal DNA internal transcribed spacer region sequences[J]. Amer JBot, 1999, 86(1)：81～97．

[39]Avary greatly among plant mitochondrial, chloroplast, and nulear DNAs[J]. Proc Natl Acad Sci USA, 1987, 84：9054～9058．

[40]Ainouche M L, Bayer R, 1997. On the origins of the tetraploid B romus species (section B romus, Poaceae)：insights from internal transcribed spacer sequences of nuclear ribosomal DNA. Genome, 730～743

[41]Appels R, Honeycutt R I, 1986. rDNA：evolution over a billion years. In：Dutta S Ked. DNA Systematics. Boca Raton：CRC Press. 81～95

[42]BaldwinBG, SandersonMJ, PorterJM, etal., The ITS Region of nuclear ribo-

somal DNA: Avalable source of evidence on an giospermphylogeny[J]. Ann Missouri Bot Gand, 1995, 82: 247 ~27.

[43] Baldwin B G, Sanderson M J, Porter J M et al. , 1995. The ITS region of nuclear ribosomal DNA: a valuable source of evidence on angiosperm phylogeny. Ann Missouri Bot Gard, 247 ~277

[44] Baldwin B G, 1993. Molecular phylogenetics of Calycadenia(Compositae) based on ITS sequences of nuclear ribosomal DNA : chromosomal and morphological evolution reexamined. Amer J Bot, 80 : 222 ~238

[45] Baldwin B G, 1992. Phylogenetic utility of the internal transcribed spacers of nuclear ribosomal DNA in plants: an example from the Compositae. Mol Phylogenetics Evol, 1: 3 ~16

[46] Buckler E S, Holtsford T P, 1996. Zea systematics: ribosomal ITS evidence. Mol Biol Evol, 13: 612 ~622

[47] Chase M W, Hills H H, 1991. Silica gel: an ideal material for field preservation of leaf samples for DNA studies. Taxon, 40: 215 ~220

[48] Cronn R C, Zhao X, Paterson A H et al. , 1996. Polymorphism and concerted evolution in a tandemly repeated gene family: 5S ribosomal DNA in diploid and allopolyploid cottons. J Mol Evol, 42: 685 ~705

[49] Downie S R, Katz, Downie D S, 1996. A molecular phylogeny of Apiaceae subfamily Apioideae: evidence from nuclear ribosomal DNA internal transcribed spacer sequences. Amer J Bot, 83: 234 ~251

[50] Doyle J J, Doyle J L, 1987. A rapid DNA isolation procedure for small quantities of fresh leaf tissue. Phytochem Bull, 19: 11 ~15

[51] Dvorak J, Zhang H B, Kota R S et al. , 1989. Organization and evolution of the 5S ribosomal RNA gene family in wheat and related species. Genome, 32: 1003 ~1016

[52] Elder J R, Turner B J, 1995. Concerted evolution of repetitive DNA sequences in eukaryotes. Quart Rev Biol, 70: 297 ~319

[53] Elder JR, Turner BJ. Concerte devolution of repetitive DNA sequence ineukaryotes[J]. Quart Rev Biol, 1995, 70: 297 ~319.

[54] Felsenstein J, 1981. Evolutionary trees from DNA sequences : a maximum like-

lihood approach. J Mol Evol, 17: 368 ~ 376

[55] Francisco, Ortega J, Santos, Guerra A, Hines A et al. , 1997. Molecular evidence for a Mediterranean origin of the Macaronesian endemic genus A rgyranthemum(Asteraceae). Amer J Bot, 84: 1595 ~ 1613

[56] Higgins D G, Bleasby A J, Fushs R, 1992. ClUSTAL V: improved software for multiple sequences alignment. CABIOS, 80: 109 ~ 191

[57] Hsiao C, Chatterton NJ, Assay KH. Phylogenetic relationships of 10 grassspecies: An assessment of phylogenetic utility of the internal transcribed spacer region in nuclear ribosomal DNA inmonocots[J]. Genome, 1994, 37: 112 ~ 120.

[58] Hsiao C, Chatterton N J, Asay K H et al. , 1995a. Phylogenetic relationships of the monogenomic species of the wheat tribe, Triticeae(Poaceae) , inferred from nuclear rDNA(ITS) sequences. Genome, 38: 211 ~ 223

[59] Hsiao C, Chatterton N J, Asay K H et al. , 1995b. Molecular phylogeny of the Pooideae(Poaceae) based on nuclear rDNA(ITS) sequences. Theor Appl Genet, 90: 389 ~ 398

[60] Jiang J, Gill B S, 1994. New 18S、26S ribosomal RNA gene loci: chromosomal landmarks for the evolution of polyploid wheats. Chromosoma, 103: 179 ~ 185

[61] Kollipara K P, Singh R J, Hymowitz T, 1997. Phylogenetic and genomic relationships in the genus Glycine Willd. Based on sequences from the ITS region of nuclear rDNA. Genome, 40: 57 ~ 68

[62] Masterson J, 1994. Stomatal size in fossil plants: evidence for polyploid in majority of angiosperms. Science, 264: 421 ~ 428

[63] McDade L A, 1995. Hybridization and phylogenetics. In: Hoch P C, Stephenson A G eds. Experimental and Molecular Approaches to Plant Biosystematics. St. Louis: Missouri Botanical Garden. 305 ~ 331

[64] Ohoi B H, Kim J H, 1997. ITS sequences and speciation on far eastern Indigofera(Leguminosae). J Plant Res, 110: 339 ~ 346

[65] Olmstead RG, Palmer J D, 1994. Chloroplast DNA systematics: a review of methods and data analysis. Amer J Bot, 81: 1205 ~ 1224

[66] Pillay M, Hilu K W, 1995. Chloroplast DNA restriction site analysis in the ge-

nus B romus(Poaceae). Amer J Bot, 83：239～250

[67]Pillay M, 1997. Variation of nuclear ribosomal RNA genes in Eragrostis tef(Zucc.)Trotter. Genome, 40：815～821

[68]Sastri D C, Hilu K, Appels R et al. , 1992. An overview of evolution in plant 5S rDNA. Plant Syst Evol, 183：169～181

[69]Second G, Wang Z Y, 1992. Mitochondrial DNA RFL P in genus Oryz a and cultivated rice. Genet Resour Crop Evol, 39：125～140

[70]Shi S H, Chang H T, Chen Y Q et al. , 1998. Phylogeny of the Hamamelidaceae based on the ITS sequences of nuclear ribosomal DNA. Biochemical Systematics and Ecology, 26：55～59

[71]Soltis D E, Soltis P S, 1993. Molecular data and the dynamic nature of polyploid. Crit Rev Plant Sci, 12：243～273

[72]Suh Y, Thien L B, Reeve H E, 1993. Molecular evolution and phylogenetic implications of internal transcribed spacer sequences of ribosomal DNA in Winteraceae. Amer J Bot, 80：1042～1055

[73]Susanna A, Jacas N G, Soltis D E et al. , 1995. Phylogenetic relationships in tribe Cardueae(Asteraceae)based on ITS sequences. Amer J Bot, 82：1056～1068

[74]Vary greatly among plant mitochondrial, chloroplast, and nulear DNAs[J]. Proc Natl Acad Sci USA, 1987, 84：9054～9058.

[75]Wang ZY, Second G, Tanksley S D, 1992. Polymorphism and phylogenetic relationships among species in the genus Oryz a as determined by analysis of nuclear RFL Ps. Theor Appl Genet, 83：565～581

[76]Wen J, Shi SH, Jansen R K et al. , 1998. Phylogeny and biogeography of A ralia sect. A ralia(Araliaceae). Amer J Bot, 85：866～875

缩略词

（Abbreviations）

英文缩写	英文名称	中文名称
AMP	ampicillin	氨苄青霉素
bp	base pair	碱基对
CTAB	Cetyltrimethyl Ammonium Bromide	十六烷基三甲基溴化铵
DNA	deoxyribonucleic acid	脱氧核糖核酸
DMSO	Dimethyl Sulfoxide	二甲基亚砜
dNTP	Deoxynucleoside triphosphate	脱氧核糖三磷酸
EDTA	Ethylene diamine tetraacetie acid	乙二胺四乙酸
EB	Ethidium Bromide	溴化乙锭
nrDNA	Nuclear ribosome deoxyribonucleic acid	核核糖体 DNA
ITS	Internal transcribed spacer	内转录间隔区
SDW	Sterilized Deionized Water	灭菌去离子水
PCR	polymerase chainreaction	聚合酶链式反应
X-gal	5-brom -4-chloro-3-indolyl-beta-D-galactopyranoside	5-溴-4-氯-3-吲哚-β-D – 半乳糖苷

ICS 65.020.01

B61

DB64

宁 夏 回 族 自 治 区 地 方 标 准

DB 64/T676—2010

枸杞苗木质量

2010 – 12 – 17 发布　　　　　　　　2010 – 12 – 17 实施

宁夏回族自治区质量技术监督局　发布

前　言

本标准的编写格式符合 GB/T1.1—2009《标准化工作导则　第 1 部分：标准的结构和编写》的要求。

本标准由宁夏农林科学院提出。

本标准由宁夏回族自治区林业局归口。

本标准起草单位：宁夏枸杞工程技术研究中心。

本标准主要起草人：石志刚、曹有龙、安巍、赵建华、王亚军、焦恩宁、李云翔、何军。

枸杞苗木质量

1 范围

本标准规定了枸杞苗木质量的术语和定义、苗木培育、种苗等级分级标准、检验、包装、贮藏和运输。

本标准适用于全国各枸杞产地及栽培区的枸杞苗木的繁育和销售。

2 术语和定义

下列术语和定义适用于本标准。

2.1 苗木种类

依繁殖材料和培育方法划分的苗木群体，主要为硬枝扦插苗。

2.2 扦插苗

以枝条为繁殖材料，采用扦插法繁育的苗木。

2.3 苗龄

从扦插育苗到出圃，苗木实际生长的年龄。经历1个年生长周期为1龄苗。

2.4 1批苗木

在同1苗圃，同1繁殖材料，相同的育苗技术培育的同龄苗木，称为1批苗木（简称苗批）。

2.5 根幅

起苗修根后，以插条基部为中心的侧根幅度。

2.6 侧根数

从插条基部发出的根数。

2.7 品种纯度

品种种性的一致性程度。

2.8 插条

用作扦插繁殖的枝条。

3 苗木培育

3.1 繁殖方法

采用硬枝扦插。

3.2 插条选择

在优良品种的生产园内，选择 5 年以下的健壮植株。

3.3 采条时间

3 月中旬~4 月上旬树液流动至萌芽前。

3.4 采条部位

树冠中、上部着生的枝条。

3.5 枝型

1 年生徒长枝和中间枝。

3.6 粗度

0.5cm ~ 0.8cm。

3.7 剪截插条

选择无破皮、无虫害的枝条，截成 15cm ~ 18cm 长的插条，每 100 根 ~ 200 根一捆。

3.8 生根剂处理

插条下端 5cm 处浸入 100mg/L ~ 150mg/L 吲哚丁酸（IBA）加等量 α – 奈乙酸（IAA）水溶液中浸泡 2h ~ 3h，或生根粉处理。

3.9 扦插方法

在已准备好的苗圃地(地势平坦、排灌畅通、土质肥厚的轻壤土,地下水位 1.2m 以下,pH 值 8 左右,有机质含量 1% 以上,土壤全盐量 0.3% 以下,深翻 25cm,平整高差 5cm,耙糖,清除石块与杂草。),采用打孔器按株行距 10cm×50cm 定点,插入后湿土踏实,地上部留 1cm 外露一个饱满芽,上面覆一层细土,用脚拢一土棱,如果土壤墒情差,可不覆碎土,直接按行盖地膜。

3.10 插条量

每 0.067hm^2 扦插 1.2 万~1.5 万根插条。

3.11 苗圃管理

3.11.1 灌水

插条生长的幼苗苗高 20cm 以上时灌第 1 水,6 月下旬、7 月下旬各灌水 1 次。

3.11.2 中耕除草

幼苗生长高度达 10cm 以上时,中耕除草,疏松土壤,深 5cm;6、7、8 月各 1 次,深 10cm。

3.11.3 修剪

苗高 40cm 以上时选 1 直立健壮枝作主干剪顶,促进苗木主干增粗生长和侧枝生长。

3.11.4 追肥

6 月下旬第 1 次间苗时追肥,每 0.067hm^2 施入 6.9kg 氮,施入后封沟灌水。

3.12 苗木出圃

翌年春季可于 3 月下旬~4 月上旬土壤解冻后出圃移栽,起苗时不伤皮、不伤根,侧根完整。

4　种苗等级分级标准

枸杞苗木共分为 2 级，等级规格指标见表 1。

表 1　苗木等级规格指标

<table>
<tr><th colspan="3">项　　目</th><th>规　　格</th></tr>
<tr><td rowspan="8">苗木
等级</td><td rowspan="4">Ⅰ 级苗</td><td colspan="2">根径，cm</td><td>>0.7</td></tr>
<tr><td colspan="2">苗高，cm</td><td>>50</td></tr>
<tr><td rowspan="2">根系</td><td>根幅，cm</td><td>>20</td></tr>
<tr><td>5cm 长侧根的条数</td><td>>5</td></tr>
<tr><td rowspan="4">Ⅱ 级苗</td><td colspan="2">根径，cm</td><td>>0.5</td></tr>
<tr><td colspan="2">苗高，cm</td><td>>40</td></tr>
<tr><td rowspan="2">根系</td><td>根幅，cm</td><td>>15</td></tr>
<tr><td>5cm 长侧根的条数</td><td>>3</td></tr>
<tr><td colspan="3">综合控制条件</td><td>无病虫害，苗干通直，色泽正常，芽发
育饱满、健壮，充分木质化，无机械损伤
（截根、修枝除外）。</td></tr>
</table>

5　检验

5.1　抽样

5.1.1　凡品种相同、1 次出售的枸杞苗作为 1 个检验批次。

5.1.2　等级规格检验以 1 个检验批次为 1 个抽样批次。采用随机抽样方法。苗木数量超过 100 株时，抽样按表 2 执行，否则，11 株～100 株检验 10 株，低于 11 株者，全部检验。每 1 个检验批次中不合格苗木不得超过 5%，否则即认定该批枸杞苗木不符合本等级规格要求，为不合格苗木。

表2 枸杞苗木检测抽样数量

苗木株数	检验株数
500～1,000	50
1,001～10,000	100
10,001～50,000	250
50,001～100,000	350
100,001～500,000	500
500,001以上	750

5.1.3 成捆苗木先抽样捆，再在每个样捆内各抽10株；不成捆苗木直接抽取样株。

5.2 检验方法

5.2.1 根径用标准测量工具测量，读数精确到0.1cm。

5.2.2 苗高用标准测量工具测量，自地径沿苗干垂直量至顶芽基部，读数精确到1cm。

5.2.3 根幅用标准测量工具测量，以插条基部为中心量取其侧根的幅度，如2个方向根幅相差较大，应垂直交叉测量2次，取其平均值，读数精确到1cm。

5.3 检验规则

5.3.1 苗木成批检验。

5.3.2 苗木检验允许范围，同1批苗木中低于该等级的苗木数量不得超过5%。

5.3.3 检验结果不符合规定，应进行重新分级，分级后再进行复检，并以复检结果为准。

6 包装、假植和运输

6.1 包装

分品种、种类和等级，定量包装。注意苗木保湿，苗木根系沾泥浆每50棵1捆，装入草袋，草袋下部填入少许锯沫，洒水捆好。包装内外附有苗木标签。

6.2　良种标签

枸杞苗木良种标签应包括品种名、良种审认定编号、等级、数量、登记号、检验证编号、种源及产地、生产单位和地址、出圃日期。

6.3　假植

如起苗后不立即运送或苗木运到后不立即栽植，则应进行假植。

6.4　运输

运输过程中要防止重压、暴晒、风干、雨淋、冻害等，并持有苗木质量合格证、苗木检疫合格证、苗木生产许可证、苗木良种标签。

ICS 65.020.01

B05

DB64

宁 夏 回 族 自 治 区 地 方 标 准

DB 64/T677—2010

清水河流域枸杞规范化种植技术规程

2010 – 12 – 17 发布　　　　　　　　2010 – 12 – 17 实施

宁夏回族自治区质量技术监督局　发布

前　言

本标准的编写格式符合 GB/T1.1—2009《标准化工作导则　第1部分：标准的结构和编写》的要求。

本标准由宁夏农林科学院提出。

本标准由宁夏回族自治区林业局归口。

本标准起草单位：宁夏枸杞工程技术研究中心。

本标准主要起草人：石志刚、曹有龙、李云翔、王亚军、安巍、赵建华、焦恩宁、岳国军、张廷苏、高启平、郭文林、王东胜。

清水河流域枸杞规范化种植技术规程

1 范围

本标准规定了清水河流域枸杞规范化种植的建园、幼龄期管理技术、树形培养、成龄期管理技术、病虫防治、采收、制干、优质丰产指标、贮存。

本标准适用于清水河流域枸杞种植者进行规范化种植。

2 规范性引用文件

下列文件对于本文件的应用是必不可少的。凡是注日期的引用文件，仅所注日期的版本适用于本文件。凡是不注日期的引用文件，其最新版本（包括所有的修改单）适用于本文件。

GB3095 环境空气质量标准

GB5084 农田灌溉水质标准

GB15618 土壤环境质量标准

GB/T18672—2002 枸杞（枸杞子）

GB/T19116—2003 枸杞栽培技术操作规程

DB64/T562—2009 枸杞蚜虫防治农药安全使用技术

DB64/T563—2009 枸杞瘿螨防治农药安全使用技术

3 建园

3.1 环境质量

3.1.1 水质质量应符合 GB5084 二级以上标准。

3.1.2　大气环境应符合 GB3095 二级以上标准。

3.1.3　土壤环境质量应符合 GB15618 二级以上标准。

3.2　品种

宜选择"宁杞 1 号"和"宁杞 4 号"。

3.3　园地选择

选择地势平坦，土壤较肥沃的沙壤、轻壤或中壤；土壤全盐量 0.5% 以下，pH 值 8 左右，有效土层 40cm 以上。

3.4　园地规划

应距交通干道 100m 以上，按 GB/T19116－2003 中第 7.2 条执行。

3.5　栽植

3.5.1　时间

春栽于土壤解冻至萌芽前，秋栽于土壤结冻前。

3.5.2　密度

小面积分散栽培，株行距 1m×2m，每 0.067hm² 栽植 333 株；大面积集中栽植，株行距 1m×3m，每 0.067hm² 栽植 222 株。

3.5.3　方法

按株行距定植点挖坑，规格 30 cm×30 cm×40cm(长×宽×深)，坑内先施入经完全腐熟有机肥加复合肥(氮 0.07 kg、五氧化二磷 0.05 kg、氧化钾 0.06 kg)与土拌匀后准备栽苗。苗木定植前用 100mg/Lα 萘乙酸水溶液沾根 5s 后，放入栽植坑填湿土，提苗、踏实、再填土至苗木基茎处，再踏实，覆土略高于地面。栽植完毕及时灌水。

4　幼龄期(1 年～4 年)管理技术

4.1　定干修剪

栽植的苗木萌芽后，将主干基茎以上 30cm 分枝带以下的萌芽剪除，分枝带以上选留生长不同方向的 3 条 ~ 5 条侧枝作为形成第一层树冠的骨干枝，于株高 50cm ~ 60cm 处剪顶。

4.2 夏季修剪

5 月下旬至 7 月下旬，每间隔 15 天剪除主干分枝带以下的萌条，将分枝带以上所留侧枝于枝长 20cm 处短剪，促其萌发二次枝；侧枝上向上生长的壮枝于 30cm 处剪顶作为树冠的主枝。

4.3 施肥

于 4 月中旬、7 月上旬、10 月中旬沿树冠外缘开对称穴坑，坑长 30cm ~ 50cm，坑深 40cm，每株全年施肥量如表 1。

表 1　单株施肥量

项　目	指标		
	N（kg）	P_2O_5（kg）	K_2O（kg）
第 1 年	0.059	0.04	0.024
第 2 年	0.06	0.05	0.04
第 3 年	0.09	0.06	0.05
第 4 年	0.10	0.08	0.06

注：为纯氮、纯磷、纯钾的总量

4.3.1 基肥

于 10 月中旬土壤封冻前，以腐熟的有机肥和氮、磷、钾复合肥为主，氮肥基施比例为全年施肥量的 60%；磷、钾肥比例为 40%。沿树冠外缘开沟 40cm × 20cm × 40cm（长 × 宽 × 深），将定量的肥料施入沟内与土拌匀后封沟略高于地面。

4.3.2 追肥

于 6 月中旬和 8 月上旬各 1 次，以氮、磷、钾复合肥为主，每次氮肥基追比例为全年施肥量的 20%；磷、钾肥比例为 30%。沿树冠外缘开沟 40cm × 20cm × 40cm（长 × 宽 × 深），深施定量的肥料与土拌匀后封沟。

4.3.3 叶面喷肥

2 年 ~4 年生枸杞植株于 5 月 ~8 月中每月中旬各喷洒 1 次枸杞叶面专用肥。

4.4 病虫防治

按 DB64/T562 - 2009、DB64/T563 - 2009 和 GB/T19116 - 2003 中第 10.3 条规定执行。

4.5 灌水

有设施灌溉条件的，4 月 ~9 月灌水 4 次，每 0.067hm² 灌水量 30m³ 左右；11 月上旬灌冬水每 0.067hm² 灌水量 70m³ 左右。

4.6 中耕翻园

5 月 ~8 月中耕除草 4 次，深度 15cm；9 月翻晒园地 1 次，深度 25cm，树冠下 15cm，不碰伤植株基茎。

4.7 秋季修剪

9 月剪除植株根茎、主干、冠层所抽生的徒长枝。

5 树形培养

第 1 年定干剪顶，第 2 年、3 年培养基层，第 4 年放顶成形。

6 成龄期(5 年以上)管理技术

6.1 修剪

6.1.1 休眠期修剪

2 月 ~3 月，以"重短截、轻疏剪"为主，剪除徒长枝、病残枝、结果枝组上过密细弱枝，短截中间枝，选留结果枝。

6.1.2 春季修剪

4 月下旬 ~5 月上旬，抹芽剪干枯枝。

6.1.3 夏季修剪

5 月中旬~7 月上旬，剪除徒长枝，短截中间枝，摘心 2 次枝。

6.1.4 秋季修剪

10 月剪除徒长枝。

6.2 土肥水管理

6.2.1 土壤耕作

3 月下旬~4 月上旬浅耕，深度 15cm，树冠下 10cm；5 月~8 月中每月中旬各进行中耕除草 1 次，深度 20cm，树冠下 10cm；9 月中旬翻晒园地，行间 25cm，树冠下 10cm。

6.2.2 施肥

6.2.2.1 基肥

10 月土壤封冻前，按产 100 kg 干果施氮 23.7 kg、五氧化二磷 16.0 kg、氧化钾 9.7 kg 施肥量施入腐熟有机肥和氮、磷、钾复合肥。

6.2.2.2 追肥

6 月上旬、8 月中旬各 1 次，按产 100 kg 干果施氮 7.9 kg、五氧化二磷 5.3 kg、氧化钾 3.2 kg 施肥量施入枸杞专用肥。

6.2.2.3 叶面喷肥

5 月~7 月中每月中旬各 1 次，按背负式喷雾每 0.067hm² 40 kg 肥液、机动式喷雾每 0.067hm² 60 kg 肥液施肥量施入枸杞专用营养液肥。

6.2.3 灌水

6.2.3.1 有设施灌溉条件下的节水灌溉

4 月~9 月灌水 4 次~5 次，采用沟灌，开沟方法为以树干为中心，沟深 10cm~15cm，两边各 50cm。每 0.067hm² 灌水量 30m³ 左右；11 月上旬灌冬水每 0.067hm² 灌水量 70m³ 左右。

6.2.3.2 无灌溉条件下的集雨渗灌

4 月~7 月中每间隔 15 天~20 天灌水 1 次，采用集雨渗灌技术，利用集雨水窖，使用枸杞地下渗灌专用补水器进行微量补水，沿树冠外缘分别于距离地面 30cm 处对称埋置 2 个 5L 容量的地下渗灌器，按照每株树全年补水量 50L 水，全年灌 5 次水，每次 10L。

7 病虫防治

按 DB64/T562 – 2009、DB64/T563 – 2009 和 GB/T19116 – 2003 中第 10.3 条规定执行。

8 采收

8.1 采果要求

当果色鲜红，果面明亮，果蒂疏松，果肉软化，甜度适宜时采摘。

8.2 禁采

下雨天或刚下过不采摘，早晨露水未干不采摘，喷洒农药不到安全间隔期不采摘。

8.3 采果时间

6 月下旬 ~ 7 月下旬每 7 天 ~ 9 天采摘 1 次，7 月下旬 ~ 8 月下旬每 5 天 ~ 6 天采摘 1 次。

9 制干

选用晒干、热风制干、烘干棚等制干方法。

10 优质丰产指标

10.1 产量指标

栽植第 1 年每 0.067hm^2 产干果 30 kg 以上，第 2 年 50 kg 以上，第 3 年 80 kg 以上，第 4 年 100 kg，进入成龄期 150 kg 以上。

10.2 质量指标

枸杞质量按照 GB/T18672—2002 执行。

11 贮存

按 GB/T19116 – 2003 中第 12 条规定执行。

主要作者简介

石志刚，男，1976年4月出生，宁夏贺兰人。副研究员、副主任、院二级学科带头人。1999年7月毕业于北京林业大学森林保护专业。1999年至今，宁夏农林科学院枸杞工程技术研究中心从事枸杞专业研究。先后主持并参加完成了国家和省部（自治区）级课题15项，取得9项科技成果，国家科技进步二等奖1项，宁夏科技进步二等奖3项，三等奖5项；参加制定国标1部、地标3部；参与写作专著4部，发表论文19篇，其中核心期刊9篇，外文3篇；授权专利3项。

1. 获得奖励

（1）枸杞新品种选育及配套技术研究与应用，国家科技进步二等奖，2006

（2）枸杞新品种选育与深加工开发，宁夏回族自治区科技进步二等奖，2006

（3）宁夏优质枸杞无公害生产关键技术研究与示范，宁夏回族自治区科技二等奖，2004

（4）菜用枸杞新品种选育，宁夏回族自治区科技进步三等奖，2004

（5）道地药材——宁夏枸杞规范化种植研究，宁夏回族自治区科技进步三等奖，2003

（6）枸杞蚜虫（主要害虫）无害化防治研究，宁夏回族自治区科技进步三等奖，2003

（7）《枸杞产业化关键技术研究与示范》，宁夏回族自治区科技

进步二等奖，2009

（8）《枸杞种质资源规范化描述评价及种质鉴定技术研究，宁夏回族自治区科技进步三等奖，2010

（9）枸杞采摘机 4ZGB－30 型研制与应用，宁夏回族自治区科技进步三等奖，2010

（10）实用新型专利 1 项：《渗灌用补水装置（专利号 ZL200820177240.9）》，2009 年国家专利局授权，排名第 1 名

（11）实用新型专利 1 项：《手拉式中耕/除草农具（专利号 ZL200820177238.1)》，2009 年国家专利局授权，排名第 3 名

（12）实用新型专利 1 项：《手推式除草农机（专利号 ZL200820177239.6)》，2009 年国家专利局授权，排名第 3 名

2. 主持参加的课题

枸杞产业化关键技术研究与示范——配套栽培技术研究（宁夏科技攻关项目）

枸杞种质资源描述规范和数据标准的制订（中国农科院合作项目）

枸杞不同种质 nrDNA ITS 序列分析（宁夏自然基金）

枸杞种质资源描述规范和数据标准制订（中国农科院合作项目）

宁南山区枸杞规范化种植技术应用示范（宁夏科技成果转化）

有机枸杞产业化生产关键技术集成与示范（国家富民强县项目西夏区合作）

有机枸杞生产技术集成示范与万亩枸杞基地建设（银川市科技攻关）

枸杞规范化种植技术研究与示范（国家科技支撑项目专题）

宁夏枸杞种质资源遗传多样性及主要种间亲缘关系研究（国家自然基金）

宁夏干旱区旱作节水高效农业关键技术研究与示范（宁夏科技重

大专项)

3. 发表的论文情况

（1）石志刚，安巍，焦恩宁，等. 枸杞 nrDNA ITS 测序鉴定的初步研究. 安徽农业科学，2008，16，P6687~6688

（2）石志刚，安巍，焦恩宁，等. 菜用枸杞 nrDNA ITS 测序鉴定的初步研究. 安徽农业科学，2008，20，P8486~8487

（3）石志刚，安巍，焦恩宁，等. 基于 nrDNA ITS 序列的 18 份宁夏枸杞资源的遗传多样性. 安徽农业科学，2008.24，P10379~10380

（4）Shi Zhigang, AN Wei, et al. , Preliminary studies on identification of Lycium Linn. germplasm resources by nrDNA ITS sequencing, Agricultural Science & Technology, 2008.9(1), P35~38

（5）Shi Zhigang, AN Wei, et al. , A New Method of Identification on Edible *Lycium* Linn. Germplasm Resources-nrDNA ITS Sequencing, Agricultural Science & Technology, 2008.9(2), P58~59

（6）Shi Zhigang, AN Wei et al. , Genetic Polymorphism of 18 Lycium barbarum Resources Based on nrDNA ITS Sequences, Agricultural Science & Technology, 2008.9(3), P53~55

（7）石志刚，安巍，焦恩宁，等. 基于 nrDNA ITS 测序鉴定枸杞航天突变体的初步研究. 北方园艺，2008.10，P150~152

（8）《基于 nrDNA ITS 序列对枸杞雄性不育材料的鉴别》（公开，一作合著，发表于〈江苏农业学报〉，2009 年第 2 期，P366~368），核心期刊

（9）《利用 nrDNA ITS 序列探讨雄性不育"YX-1"与宁夏枸杞的亲缘关系》（公开，一作合著，发表于《北方园艺》，2009 年第 3 期，P1~3），核心期刊

（10）《枸杞规范化种植及加工技术》（公开，三作合著，金盾出

版社，2005 年，专著）

（11）《中国农作物及其野生近缘植物——枸杞》（公开，四作合著，中国农业出版社，2008 年，专著）

（12）《枸杞栽培技术》（公开，二作合著，宁夏人民出版社，2009 年，专著）

后　　记

本试验是在中国林业科学研究院导师卢孟柱研究员、曹有龙研究员的悉心指导下完成的。在研究方向的确定、试验设计和研究内容的实施以及论文写作过程中，无不倾注了导师大量的心血。3 年中，从导师身上学到了大量的专业以及科研方面的知识，大到研究方法、态度、思路，小到具体实验技术、实验数据处理、实验操作，为以后从事科研打下良好的基础。同时，从导师身上学到了更多做人做事的道理：做人要诚实守信、温良谦恭让，做事要脚踏实地；登高必自卑、行远必自迩；严于律己、宽以待人。导师卢孟柱研究员、曹有龙研究员不但在专业与科研方面为我付出了大量心血，在生活中同样给了我极大的帮助。三年来的点滴和学习、生活所得是我今后工作与生活中宝贵的财富与不断前进的动力，在此表示我最诚挚的谢意。

此外，论文完成过程中主要是在中组部、宁夏回族自治区党委组织部选派本人作为"西部之光"访问学者在中国林科院进修一年当中完成的，同时获得国家自然基金"宁夏枸杞种质资源遗传多样性及主要种间亲缘关系研究（31040087）"和国家科技支撑计划项目"枸杞优良品种选育及规范化种植技术研究与示范（2009BAI72B01）"等项目的资助，在此表示衷心感谢。

本文得到中国林业科学研究院林业研究所卢孟柱研究员和王敏杰、赵树堂博士在技术等方面的支持，宁夏农林科学院领导和同事们在学习、课题实施以及生活中给我提供了许许多多无私的帮助，使得实验顺利进行，在此表示感谢。

　　最后，谨向不能在此一一叙及的所有帮助过我的老师、同事、同学、朋友和亲人致以最诚挚的谢意和美好的祝福。

石志刚

2012.8